JN194008

都市とアートとイノベーション

創造性とライフスタイルが描く都市未来

City, Art and Innovation

著者
竹中平蔵
南條史生
市川宏雄
伊藤穰一

編著
南條史生

企画協力
森記念財団都市戦略研究所
森美術館
アカデミーヒルズ

幻冬舎

はじめに

「文化のダボス会議」を東京で開こう――。

これが、ＩＣＦ（Innovative City Forum）の出発点でした。

２０１３年、六本木ヒルズ10周年という節目の年に、ＩＣＦはスタートしました。当時、大量生産を中心として発展してきた戦後日本経済の停滞と課題、そしてバブル経済の崩壊とその後遺症が、はっきりと見えていました。では、これから日本は何をすべきなのか、という問いの前に立ったとき、「クリエイティブな仕事に向かうべき」という答えに行き着きました。つまり、生産もサービスもすべてのものは、大量を追求するのではなく限定された数でよい、しかし他の国で作れないもの、質が高く独自なものを生み出すこと――です。

ただし、いずれアジア全体がその方向を目指すだろうということも目に見えています。であれば日本は、科学、技術、アート、デザイン、映画や音楽といったあらゆる創造産業のアジアにおける最大の中心は東京なのだと、世界に認識されるよう努力するべきだと考えました。

そのために、どうしたらいいのか。単なる都市間の競争に参入するのではなく、東京は知をもって都市を革新し、クリエイティブシティにならなければなりません。

そこで、世界経済フォーラム（通称「ダボス会議」）の文化版のような国際会議を毎年開催してはどうか、という発想が生まれました。ダボス会議は、世界中の新しいアイデアが集まる場です。世界各国から人が集い、各分野の最新の情報交換をし、出席者は、そこで見聞きしたことを母国に持ち帰って発信するのです。だからこそ、多くの人がその場に行きたがります。同じように、ICFも、世界中のクリエイターが毎年その場にいたいと思うフォーラムを目指しました。その舞台は東京、六本木ヒルズ。私たちは、「クリエイティブシティ東京」を実現させようとしました。

具体的には、「20年後の私たちはどのように生きるのか?」という問いを持って、「都市とライフスタイルの未来を描く」ための国際会議としました。

都市というのは、大きな器です。そこに入るのはアート、発展を支えるテクノロジー、加えて器としての都市デザイン。この3つが議論のフィールドとして中心的なものになるだろうと考えました。

毎回のプログラムコミッティは、竹中平蔵さん、市川宏雄さん、伊藤穰一さん、それに私の4人です。企画会議ではまず、それぞれ今一番興味があることを話し合う。そして、自分の専門分野から、「今この人が重要」という人を推薦するのです。お互いにジャンルが違いますから、他のプログラムコミッティはしばしばその人のことは知りません。ただ、その基準は明確でした。ある種、これからの人間の生き方=ライフスタイルに関わる課題に取り組んでいる方を選ぶのです。例えば、単に「火星を研究しています」というだけではなく、「火星でもし人間が住むとしたらどうしたらよいか」ということを研究している方を選考します。

登壇者は、アートやデザインの関係者、テクノロジーや科学関係者、また大きなビジョンで都市の議論ができる人など、この10年で400人以上に上りました。しかも皆さん、多様で素晴らしい活動をされているゲストばかりです。

ICFによって、私自身もさまざまなジャンルの話を聞き、現在の我々の生きている状況がどのようなものなのかを俯瞰できるようになったと感じました。こうして、ICFで得られた情報や知見をもって森美術館で開催したのが、「未来と芸術展」（2019~2020）です。この展覧会は、AI（人工知能）、ロボット工学、バイオ技術や遺伝子工学など最先端のテクノロジーを紹介しつつ、その影響を受けて生まれたアート、デザイン、建築を通して、近未来の都市、ライフスタイルを考察する展覧会でした。アートとテクノロジーは一見遠いもののように思えますが、実は非常に近いものです。新しい現実認識やビジョンが競い合う創造活動のフロンティアでは、もはやアートとテクノロジーの境界は消滅します。最新の知見に基づく多くの議論は、結果的に人間がいかに生きるか、生きるとは何か、我々を取り巻く現実と宇宙はどうなっているのか、社会を支える経済・政治理念はこれでいいのか、といった、より大きな問題に視野を広げる契機になったと思います。

ICFはこうした多くの議論の素晴らしいプラットフォームになりました。人と人が出会って話すこと、最新のアイデアを他者に紹介すること、またそのアイデアを交換して切磋琢磨することが人間の発展にはとても大事なのだと、実感しました。

ICFを始めた初期の頃、プログラムコミッティの私たちは、テクノロジーに対して比較的楽観的でした。テクノロジーがどんどん進歩し、社会は良くなり、我々のライフスタイルも改善されるだろうというムードでした。ところが、2017年頃から、インターネットの暗い側面、テクノロジーの否定的な側面などがメディアにも登場し始めました。もちろん、すべてのテクノロジーには裏表があり、良い点、悪い点、両方抱えているわけですから、要はそのテクノロジーを使う人間の問題です。ですから単純にテクノロジーが進歩すればよいわけではなく、使う人間がしっかりしなければならないわけです。

また、持続可能性、地球環境問題というように、単にテクノロジーでは解決できない喫緊の課題もあり、テクノロジーについても慎重な姿勢にシフトしたように思います。プログラムコミッティの中で先頭を切って変わったのが、伊藤穰一さんでした。彼は資本主義の限界を感じ、10年間のICFを終えた後の対談で、「社会のパラダイムシフトが必要だ」と語っています。

そして開始後7年経った2020年にはパンデミックが起き、さらにその後、世界を揺るがす戦争が起こるとは思ってもいませんでした。

戦争が起き、テクノロジーが進歩し、思想も変化する。そうした中でやはり私たちは、「自分たちがどのような状況にあるのか」といった点をつかみ、考える力を持たなければいけない、ということを切実に感じます。

私自身は長年アートに携わり、一貫して「困難な時代こそ文化と芸術が大事だ」と言ってきました。アートには、「直観力」「総合力」「洞察力」などがあり、これらが思考に確信と活力を与えます。アートには多様な解釈があり、答えは1つではありません。ところが、「どの解釈が正しいのですか?」と聞く人がとても多い。みんな、受験勉強のようにどこかに正しい答えがあると思っているのです。そういう方に私は、「まずはあなたがどう思うかを言ってください」と答えています。すべては「自分がどう考えるか」を言うことから始めなければなりません。

「クリエイティブ」とは、すべてゼロから作ることではありません。ものの見方を変えたり、目標を変えたりする、それだけで十分クリエイティブなのです。ドイツ人のヨーゼフ・ボイスは、「社会を変えていくことがアート〔社会変革〕」だと言いました。郵便配達人が郵便物の配り方を自覚的に変える、あるいはジャガイモの皮を剝く人がその剝き方をより美的に変える、それもクリエイティブです。ヨーゼフ・ボイスは、「誰でもアーティストになれる」と言ったのです。今やアートは単に絵画と彫刻のことだけではないのです。

つまりは、違う見方をすることがクリエイティブであり、それこそが重要なのです。この話は根本的な哲学＝世界観の問題に行き着くのだろうと思います。

千利休は、そういう価値転換をたくさんした人物です。それまで珍重されてきた中国から渡来した均整のとれた白磁ではなく、瓦職人に焼かせた土塊（つちくれ）のような焼き物を「美しい」と言いました。のちにこの茶碗は「黒楽」と呼ばれ、重要文化財となりました。利休は、ものの見方を変え、新たな価値を創造する達人だったのです。

フランス人のマルセル・デュシャンは、男性用便器を横にして置き、台座に載せて「これはアートだ」と主張しました。これもまた価値転換です。

違う見方をする、価値転換をするには、思考を柔軟に保たなければなりません。そこで現代アートが重要になります。

価値転換の訓練を受けた人間は、今まで通りに物事を考えるのではなく、その「常識を疑う」ところから始めます。常識を疑わないと、クリエイティブな仕事はできません。

これが正しいと決まっているやり方でなく、別のやり方を試してみる。これは法律でできませんと言っても、その法律が時代に合わなくなっているのかもしれない、法律は変えられないのか、と発想することが大事です。根本的、根源的な疑いを持つことが、クリエイティブの源であり、それが社会の変革につながるでしょう。

本田宗一郎も、盛田昭夫も、それまでのルールや常識にとらわれず、自分のやり方を試みた人たちです。今まであったものを壊す。壊すことが作ることなのです。そういう考え方のできる人が増えないと日本が時代からずれていくのは明らかです。新しい発想は特別な人間だけができることではありません。繰り返しますが、日々の仕事の中で自覚的に見方や方法を変えてみる、それだけでクリエイティブなのです。

ＩＣＦは10年間で幕を閉じました。この本は多くの人が集まり、考え、語り合った、貴重な「場」の記録です。過去10年間の記録ではありますが、見ようとしているものは、「未来」です。

この本を読んでくださった方は、多くのグローバルアジェンダについて、自分たちの「直前の人たち」が、どう考え、どう行動したのかということが見えるのではないかと思います。それがさらに「では自分はどう思うか」と考えるきっかけになればと思っています。

いつも正解はありません。あるのはより良い回答だけです。ただ、この本が多くの人々にとってクリエイティブであろうと心がけるきっかけになり、東京がクリエイティブシティとして世界に冠たる都市となることを期待したいと思います。

編者　南條史生

都市とアートとイノベーション

創造性とライフスタイルが描く都市未来

contents

構成／本郷明美・渡邉和彦
企画・編集／木田明理
カバーデザイン／加藤賢策（LABORATORIES）
カバー写真／ビャルケ・インゲルス・グループ「オーシャニクス・シティ」（2019）
本文デザイン・DTP／美創

2035年までに明治維新並みの大変革が必要
東京を政府の直轄地にすべき

竹中平蔵 氏

ICF（イノベーティブ・シティ・フォーラム）は「20年後の私たちはどのように生きるのか?」という問いのもと、「都市とライフスタイルの未来を描く」を議論する国際会議です。

六本木ヒルズ開業10周年の節目となった2013年に初開催して以降、毎年秋に実施。登壇者は世界から参集した先端技術や都市開発に携わる研究者や実務家、アートやクリエイティブに関わる方々。それぞれが描く未来の可能性を提案・共有し、議論してきました。

10年間の集大成として、また次の10年へ向けて、南條史生氏とともにICFをけん引してきた竹中平蔵氏が「2035年の東京」について語ります。「2035年は日本にとってとても重要な年。大変革が必要です」と言う竹中氏。いったいどんな「大変革」が迫られているのでしょうか——。

2035年までに明治維新的な大変革が必要

南條　ICFは、2013年のスタート以来、10年間活動を続けてきました。今、東京はどう変わったか、そして、ほぼ10年後の2035年を基準に、東京はどう進化していくべきかを考えてみようと思います。

竹中　2035年というのは、実はすごく重要な意味があると思うんです。まず、人口予測では、2035年に、日本の65歳以上の高齢者人口が、全体の3分の1になるんです。

次に、2035年までに、このままいけば中国のGDPがアメリカを抜くでしょう。

そしてもう1つ。現在の議論が進むと、2035年にガソリン自動車が売れなくなるかもしれない。日本の産業は、自動車一本足打法。もっと言うと「トヨタ一本足打法」になってしまっている。メディアはトヨタ自動車礼賛ばかりですが、今のままでいくと本当に危ないんです。日本は、貿易赤字国です。もう、輸出より輸入の方が多い国になってるわけです。旅行収支、利子収入があるので、経常収支はかろうじて黒字ですが、それもだんだん減っていく。その状況で、本当に日本の輸出を支えている自動車産業にダメージがあると、日本のマクロバランスが非常に崩れる可能性があります。

世界の状況というのは、すごく変わっていく可能性が高いんだけれど、今の日本はある種「踊り場」にいると思うんです。日本人は、不満はいっぱいあるんだけれど、そんなに困っていない。失業率2・5%、世界で最も低い。給料はあまり高くないけれど、物価も諸外国に比べて高くない。不平はあるけれど、ものすごく困ってはいない。そういう状況にあるわけです。

南條　だから問題なんですよ。変わるインセンティブがない。

竹中　問題なんです。

南條　変わらない。変革ができない。

竹中　よく言われる、「Too comfortable to change」なんです。快適すぎて変われない。

南條　一説によると、戦後日本が作ろうと目指してきたユートピアが、今ここにできてしまった、と言われます。リスクもなく、ぬくぬくと暮らせる。「ここに天国ができてるんだよ」と言う人がいました。

竹中　そう考えてる人は、たくさんいると思います。ただ、どう考えてもサスティナブルじゃないんですよ。日本の輸出産業はどうなるのか、高齢化を支えられるのか。サスティナブルじゃない一番の問題は、「介護難民」だと思います。介護、すなわち、人が死んでいくプロセスというのは、すごく手間暇がかかります。家族の介護のために仕事を離れざるを得ない人も、増えているわけです。しかも、企業の幹部クラスでもそういう人が出てきています。家族の介護をしても、所得は増えないですよね。これはサスティナブルじゃない。つまり、日本社会を大きく変えなきゃいけないんです。

南條　自分自身のことを考えても、介護してくれる人が足りないのは困りますよね。となると、移民を受け入れるしかないんじゃないですか。

竹中　はい、それも含めて、今までのシステムを大幅に変える必要がある。2035年くらいまでに、明治維新的な変革をやらなきゃいけないときを迎えると思います。

　そのときちゃんとしたリーダーがいるかどうかですよね。明治維新のとき、いろいろ言われますが、大久保利通、伊藤博文たちは立派でしたよね。もう1つ、当時の日本が素晴らしかったのは、人材登用をしてることです。大久保利通というのは、薩摩藩の下級武士です。29歳、30歳くらいまで、薩摩藩の藩主にも会ったことがなかったんですよ。そういう人物が、18年後くらいに天皇陛下の側近になっている。47歳で暗殺されるわけですが、そういう人材登用があった。

　高橋是清だって、婚外子、つまり正妻の子ではないんです。そういう人が大蔵大臣を6回やってるんです。

南條　実を言うと階級闘争でもあったんじゃないですか。下にいた人たちが上にあがって、上にいた人が降ろされたという、革命でもあったかもしれない。

竹中平蔵

慶應義塾大学名誉教授／森記念財団都市戦略研究所所長／元国務大臣／世界経済フォーラム(ダボス会議)理事

ハーバード大学客員准教授、慶應義塾大学総合政策学部教授などを経て、2001年小泉内閣で経済財政政策担当大臣を皮切りに、金融担当大臣、郵政民営化担当大臣兼務、総務大臣を歴任。2006年より慶應義塾大学教授、アカデミーヒルズ理事長など。現在、慶應義塾大学名誉教授、世界経済フォーラム(ダボス会議)理事。博士(経済学)。著書は、『構造改革の真実 竹中平蔵大臣日誌』(日本経済新聞社)、『研究開発と設備投資の経済学』(サントリー学芸賞受賞、東洋経済新報社)など多数。

竹中　そうですね。革命だったんでしょうね。

南條　だいたい、ムーブメント自体が、日本の端の方からガッと来ているじゃないですか。山口、鹿児島、端っこの藩が、中央を全部ひっくり返していくという。

竹中　ただ、これについて私は詳しいわけじゃないんですが、結局それを支えたのは幕府の官僚だったという説があります。トップが変わったんですよね。実務を担った人たちはあまり変わらずやっていたという説もあります。

南條　なるほど。今の構造と似てますね。

竹中　そうですね、上が変わればいいということですね。

　こういう大きな変化を「ショックセラピー」というんですよね。ショック療法で、一気に変える。よく日本は大幅な変化を嫌がる国だと言われるんですが、実は逆で、徐々に変えることができない国なんです。むしろ、大幅にしか変われない国です。明治維新というのは世界でも珍しいショックセラピーですし、戦後の民主化もものすごいショックセラピーでしょう。

　それらに匹敵する大きな変化が、２０３5年くらいに本当に来ると思います。その前に、外国人労働者をどうするか協議しなきゃいけないし、ベーシックインカム的な分配をちゃんとしなくちゃいけないでしょう。

異端をつぶさない
アートな社会が必要だ

南條　ＩＣＦの活動を振り返りたいと思います。ＩＣＦというのはテクノロジーと科学、経済、政治、プラス芸術分野が一緒になる貴重な場だった。日本にはそういう場所が少ないということでスタートして、いずれダボス会議のように、世界中から人を集めようと考えていました。

竹中　ダボス会議も、最初は村おこしの経営セミナーとしてスタートしたんですよね。シュワブさんという、当時ジュネーブ大学経済学部の教授が、２００人くらい集めて経営セミナーを始めた。そこから、いくつかの要因が重なって、世界で唯一無二の会議になったんです。やはりある程度続けることが重要なのだと思います。

　シュワブさんは、日本にも来ていたんですが、昭和40年頃に1人で日本に来ていろんな会社を回って、こういう会議をするので出てください、お金を出してくださいと活動しているんです。ＩＣＦのような会議も、そういうことをもっとこれからもやっていかなきゃいけないと思います。

南條　バブルがはじけた後、「大量生産の国としての日本は終わった、クリエイティブな国にならないとだめだ」ということになりました。「じゃあ、少なくともアジアの中で一番クリエイティブな国として見られるようにすべきじゃないか」というのが、ＩＣＦのもともとの発想でした。ですから、「クリエイティブ・ダボス」と呼んでいたわけです。そういう考え方自体を、竹中さんはどう見ていたのか、うかがいたいんです。

竹中　あえて経済の面から言わせていただきます。「不均衡発展論」という考え方が昔からあります。経済というのは、やはり不均衡でしか発展しない、特に技術革新がたくさん出てくるときには不均衡を是としなければならない、という論です。

南條　竹中さんは、以前も、「多様性や一種の不均衡の中のダイナミズムみたいなも

南條史生

キュレーター／美術評論家

1972年慶應義塾大学経済学部、1977年文学部哲学科美学美術史学専攻卒業。国際交流基金等を経て、2002年より森美術館立ち上げに参画、2006年11月から2019年まで館長、2020年より特別顧問。
同年より十和田市現代美術館総合アドバイザー、弘前れんが倉庫美術館特別館長補佐、2023年5月アーツ前橋特別館長。1997年ヴェニスビエンナーレ日本館、1998年台北ビエンナーレ、2001年横浜トリエンナーレ、2006年及び2008年シンガポールビエンナーレ、2016年茨城県北芸術祭、2017年ホノルルビエンナーレ、2021年北九州未来創造芸術祭 ART for SDGs、2021年～Fuji Textile Week等の国際展でディレクターを歴任。著書として『アートを生きる』（角川書店、2012年）等。

のが、世界を発展させていく」とおっしゃっていた。

竹中　「不均衡発展論」は昔からあるんですが、10年くらい前にポール・クルーグマンが取り上げて言及するようになり、注目を集めたんです。技術、すなわち、テクノロジーの体系が変化するときというのは、当然不均衡になるわけです。

南條　不均衡があるところに、いろんなことが起きるわけですね。

竹中　そうです。オリンピックでメダルを取る人が何人いるか、というようなことが社会の強さのようなものに現れてくる。アメリカに行くと、普通の店のサービスなんてひどいじゃないですか。日本はなんでこんな国に負けるんだ、日本人は一生懸命やってると思うんです。でもそれはやっぱり、金メダルを取るような人を大事にしていないからですよ。

不均衡、要するに「異端」が出てくることを認めて、異端児に活躍してもらう社会が結局クリエイティブな社会だと思うんです。オーソドキシーではなく、ヘテロドキシー。ところが、日本は依然として、やはり異端児を叩き潰すところがありますよね。経済全体から言えば、キャッチアップの過程で、特に製造業で良いものを安く軽薄短小で作るためには、１２０点の力を持っている人がいるよりも、80点くらいの力の人がたくさんいた方がいいわけです。綱引きと同じですね。

ところが日本がフロンティアに立たされてくると、オリンピックで金メダルを取れるような、１２０点、１５０点の人をいかに作るかが大事になってくる。結局、クリエイティビティの高い社会を作ることになるんです。綱引きの社会から、オリンピックの社会に転換するのが、日本はいまだに遅れてるということだと思います。

アメリカの金メダリスト、スティーブ・ジョブズ、ビル・ゲイツ……日本にだってそういう人はいるんですけど、どこかでつぶしてるんですよ。例えば、青色発光ダイオードを作った中村修二さんは、日本で評価されずアメリカで活躍しています。そういうケースがたくさんあります。

南條　日本を、異端をつぶさず、人と違うことをやろうとしているスピリットを持つ人間がたくさんいる状態にしたい、ということですよね。そのためには、「アートの社会」にするべき、というのが僕のもともとの発想なんです。それは、もちろん単に絵を描くということじゃありません。アーティストというのは、みんな違うアイデアがないとだめですよね。人と同じではだめで、人と違うことをがんばっている。みんなまさに異端になろうとしている、アーティストはそういう人種なんです。「アートの社会」というのは、そういうスピリットがある社会ということなんです。それは、クリエイティビティと表裏一体になっている。

　日本というのは、単調で単一化されている社会ですよね。もっといろんな人が現れるようにするには、アート教育がいいだろうと考えています。

竹中　おっしゃること、すごくよくわかります。釈迦に説法ですが、アートというのは、自由な表現、自分なりの表現をすることで、それが間接的に社会に影響力を持つこと。辞書を引くと、「アート」は「社会に間接的に影響力を持つ」という言葉がけっこう出てくる。ということは、アーティストは大事ですが、「アートを評価する社会」がより大事になってくるんだと思います。

　日本にも優れたアーティストがたくさんいますよね。けれど、先ほどの中村修二さんと同様、どうも日本より海外で活躍している人が多い。例えば村上隆さんは典型です。村上さんは、東京藝術大学の日本画科出身でしょう？　日本画の世界では評価されず、ニューヨークに行って活躍するという。アートの教育というのは、アーティストを自由な発想で育てると同時に、それを評価する教育なんだと思うんですよね。

南條　たしかに、アメリカなどは、新しいアーティストをずいぶん早く評価しますよね。日本はなかなか評価しない。

竹中　しませんね。だからこそ、南條さんと、森ビルの寄付講座で「アートと社会」という講座を慶應大学で5年間やらせていただきました。いまだにあのような講座はないですよね。

南條　ないです。もう一度やりたいですね。

ライバルはNASAという、日本社会の貴重な「異端」

南條　先日スパイバーの関山和秀さんに会ったんです。元気で熱く語っていました。彼は、数少ない日本の生き残り異端かもしれないですね。

竹中　関山さんは、若くして蜘蛛の糸を応用した繊維を作るために起業した。「蜘蛛の巣はジャンボジェットでも跳ね返す」という論理に目をつけたんですね。会社の立ち上げのとき、「あなたのライバル企業はどこですか?」と聞かれて「NASAです」と答えたら、みんな大笑いしたんだそうです。でも、彼は本気だった。そういう発想ですよね。

南條　まさに、そうですね。彼が言っていたのは、環境問題は非常に重要だという話でした。「スパイバーという糸が、環境問題とどう関係するんですか?」と聞いたら、コンポジットのタンパク質を材料にしていろんなものができるという話でした。

　つまり、さまざまな製品を、プラスチックからその材料に置き換えることができるということが一番大きいんです。それから、食肉の問題。今人間がたくさん家畜を飼って、その肉を食べている。ユヴァル・ノア・ハラリは、これは罪だと言っている。モラル的に言ってるのかと思ったら、違うんですね。関山さんは、これが環境問題だと言うんですね。

「家畜1匹育てるのに、どれだけの緑が必要か知ってますか？ 家畜を食べなかったら環境破壊が止まる。だから今、人工肉を作ってます」と話していました。つまり、スパイバーを使ったステーキを作ってるそうです。これが普及すれば、緑がもっと破壊されなくてすむ。もう1つ、エネルギーの問題では、核融合が最終目標であって、成功しなければ人類は常にエネルギーで困る、などいろんな話をされていました。

竹中 関山さん、まさにライバルはNASAと言えるかもしれませんね。

ヘーゲルの弁証法にも通じますが、テーゼがあって、アンチテーゼがあるわけです。今までとまったく違う発想がぶつかりあって新しいもの、ジンテーゼになっていくわけですよね。日本では、その新しい、真っ向から対立するものを、なかなか社会として受け入れてくれないところがある。南條さんは、それを変えていくにはアート教育が必要だとおっしゃっていますが、まったくその通りだと思います。

南條 既存のフレームの中で何かやるのではなく、このフレームははたして本当なのかというところから始めるんです。竹中さんは、政治でそれをやっていたんですよね？

竹中 それで、今でも叩かれてますけど（笑）。あのときは、小泉純一郎さんというリーダーが、理解してくれたのでできたんです。リーダーの役割というのは大きいですよ。ですから私は、アート教育と、同時にリーダー教育、アントレプレナー教育が必要だと言いたい。いずれも、通じるところがあると思います。

南條 そうなんです。常々、日本にはリーダー教育がないと思っているんです。例えば、アメリカの映画を見てると、ハリウッドのエンターテインメント映画でさえも、ちゃんとリーダーがいて、「自分は死んでもいい。お前らは助かれ」と言うじゃないですか。戦争映画、スペースシップの話、何でもそうです。日本にはそういう教育がまったくない。

竹中 本当にそうですね。実は、スペインのビルバオに面白い大学ができているんです。EUも認める、リーダーシップとアントレプレナーシップの学位が取れる、きちんとした大学です。この大学は、入ったらまず会社を作らされます。そして、4年間で200万円以上の利益を上げないと卒業できない。つまり、自分で企業を作らせる。全部実際に自分でやらせるわけです。これはなるほどと思いました。だって、株式会社を作るには何人の発起人が必要なのかという会社法や、会計原則で償却をどうするか、そんなものを習っても全部忘れちゃうじゃないですか。けれど実際にやったら忘れません。卒業もかかっているんです。

視察に行ったんですが、韓国、中国からの留学生がけっこう来ていました。日本人は1人もいなかったですね。

南條 日本人は、大きい会社に入ればいいと思ってるのかな。

竹中 そうなんですよ。私が、アートが本当に重要だと思うもう1つの理由があるんです。伊藤穰一さんの標語で、ずっと言われてるんですが、「Compass over maps」です。地図よりもコンパスが重要なんだと。地図というのは、まさに今の社会の中に地図があって、偏差値の高い大学に行って、一流企業に就職して、管理職になって、車と秘書がつけば大成功というもの。でも、地図なんてもうなくなります。そのとき重要なのは、コンパス、羅針盤(らしんばん)だということです。自分は何をやりたくて、それをやりとげるための一種のスペシャリティを持っているかどうかだと。そういう時代に、私たちは生きているのだということです。南條さんがおっしゃる意味で、私もアートが重要だと実感しています。

金持ちより「時間持ち」がアートを生む

南條　竹中さんは、日本では、「アートを発展させる力と、抑える力が両方働いている」と以前おっしゃっていた。発展させる要因は2つで、技術の発展とともに自由な時間を得られたことと、表現手段が増えたこと。逆に、抑える要因は「所得が伸び悩んでいること」でしたね。

竹中　発展させる要因、これはもうはっきりとしています。これからＡＩ（人工知能）を代表とする技術の発展が、私たちに自由な時間をもたらす。

小泉内閣のときに、長期ビジョンを作ろうという議論をしたことがあります。いろんな学者、専門家に集まっていただき、フリートーキングしたときに出てきた、1つの重要な概念があります。それは、「時間持ち」という概念です。平均寿命が延びている中で、私たちは、自分たちが自由に使える時間がどんどん増えていきます。一方で、ＡＩが出てくると、今まで10人でしていた仕事が2人でできるようになるでしょう。理屈のうえでは、うまくワークシェアリングすれば、5分の1の労働時間で、今と同じ付加価値を生み出すことができるわけです。すると、高齢化、健康寿命が延びることも踏まえて、圧倒的に私たちには時間ができるんです。お金持ちになるかどうかはわかりませんが、「時間持ち」にはなれる。ただ、この時間を何に使うかなんですよね。

ニーチェに、「アートは至高のものである、最も価値の高いものである」という言葉があります。人間は、ある程度の経済的なバックグラウンドを持って、時間があれば当然アートに、創作に向かうはずなんです。『ハリー・ポッター』シリーズの作者ローリングさんは、失業保険を受けながら、失職中にあの作品を書きました。時間があることによって、クリエイティブなものが生まれることは間違いない。

ただ逆に、時間があると、自分に投資しなければならなくなります。自分に投資して、長い間生きる所得を稼がなくちゃいけない。ですから、この先重要なのは、人的な資本投資とアートだと、私は考えています。

南條　そこなんです。僕が思うのは、人間は、自分たちが楽になるために道具を開発してきたわけですね。その究極がテクノロジーの最先端である、ＡＩ。ＡＩが働いてくれれば人間はもっと時間ができるし、楽になる。新しいテクノロジーも、ずっと歴史的につながっている。人間が求めて開発したものなんですから、恐れる必要はないはずです。おっしゃる通り、これからの人間には、以前より自由な時間ができることは間違いありません。時間ができたときに何をするかといったら、アートしかないんですよ。

竹中　ただ、道具には二通りあるという説があるんです。炊飯器のように、誰でも使えて便利なもの。対して、例えばパソコンなどは、使える人と使えない人が出てくるわけです。使える人にとってはものすごいテクノロジーなんですが、使えない人も必ず出てくる類のテクノロジーです。炊飯器のように、誰もが使えるテクノロジーではないので、そこを埋める社会の制度が必要になる。考えられるのは2つの制度で、1つはみんなが使えるようにする、インクルーシブにする教育を行うこと。もう1つは圧倒的に不均衡が生まれるということを前提にした制度。さっき言ったように、10人でしていたことが2人でできるわけですから、うまくワークシェアリングできればみんな豊かになるのですが、下手すると8人は失業するかもしれない。

南條 それは失業するでしょうね。失業した人は、時間ができた人なんです。だから、制度をきちんとすればいいんです。ベーシックインカムしかないでしょう。

竹中 私の言いたいところを全部言ってくれました(笑)。そうなんです、ベーシックインカムというと反対する人もいるんですが、絶対避けて通れない社会になりますよ。

その代わり、所得の再配分をする新しいメカニズム、ベーシックインカムのような制度を作らないと、悲惨な社会になる可能性がある。そのことを、「新しい資本主義」や、「成長と分配の好循環」と言っていますが、今、政府は「給料上げろ」と言ってるだけですからね。

南條 でも上がらないですよね。

竹中 それは、生産性が低いところに「上げろ」と言っても、上がらないです。

南條 ICFでは、そういう議論も出ましたよね。

竹中 分科会で申し上げたかもしれません。なんといっても、この国はベーシックインカムに対する理解はものすごく低いです。

南條 もう実際に、議論してる国もあるでしょう?

竹中 スイスでは、5年前くらいに、導入するかどうかの国民投票をしました。国民投票では否決されましたが。

完全なベーシックインカムではないんですが、東京都が高校生以下に一律で月5000円給付しますね。これは、部分的ベーシックインカムなんです。ベーシックインカムの要件というのは、無条件にかつ継続して出すことなんですよ。一人一人の事情というのはわからないんですから。小池さんがやってることは、かなり賢いですよ。

財務省は必ず、「本当に必要な人にだけ出せばいい」と言うんですが、一人一人の事情なんて完全にはわからないです。

南條 同感です、単純な命題にすべきだと思います。

竹中 おっしゃる通りです。民主主義社会において、複雑なのは、悪い制度ですよ。よくわかってる官僚など一部の人たちだけが、複雑な制度の中で意見を言えてしまう。民主主義社会は、単純でなければだめです。

南條 テクノロジーも、複雑なものは広がらないと言われますよね。単純明快なテクノロジーは広がる。僕が心配してるのは、トヨタ自動車の水素燃料電池です。あれは広がらないですよ。

竹中 今日の日本経済新聞の一面はご覧になりました?

南條 見てないです。

竹中 トヨタ自動車が「全固体電池EV」、画期的なことをやると出ていました。どの程度本当なのかわかりませんが。

南條　ヨーロッパは電気自動車だけでなくてもいいと、後退していますよね。日本側はみんな大喜びしたけど、ちょっと違うんじゃないかと。

竹中　今のテクノロジーのままですと、電池を作るのにものすごく電気がいるので、たくさんのＣＯ$_2$を出す。水素を作るのにも、ものすごくＣＯ$_2$を出すんです。ですから、今のテクノロジーのままでは、ガソリンの自動車をすべて電気自動車に変えても、トータルでＣＯ$_2$は減らない。

南條　はたしてどちらがいいか、わからないですね。

ＡＩによる恐ろしいほどの変化を覚悟せよ

南條　ＡＩをはじめとするテクノロジーのお話をうかがいたいと思います。本当に最近の変化は、あらゆるフェーズにおいてすごいですよね。

竹中　すごいです。最近はいろんな会議で、ほぼ必ず話題になるのは、やはりChatGPTです。ジェネレーティブＡＩです。２０２３年の1月にダボス会議に出て、ジェネレーティブＡＩという言葉を、そのとき初めて聞いたんです、恥ずかしながら。たしか、ChatGPTが発表されたのは、２０２２年の11月ぐらいですよね。それが翌年1月には、すでにダボス会議で取り上げられていて、今はもうChatGPTの話題で持ち切りです。

南條　もう今、他のテクノロジーのニュース、みんな吹き飛んでますね。ＮＦＴとか……。

竹中　Ｗｅｂ３・０なんて誰も言わなくなった。

南條　これに乗り遅れたら大変だと。

竹中　まさに破壊的なことが起こってるんですよね。今、グーグルが大変なことになっている。グーグルは1回の検索ごとに広告料が入るわけです。あることを調べるために、今まではグーグルで、例えば10回くらい検索していたのが、ChatGPT1回ですんでしまう。

　グーグルはそのことをわかっていたんです。だから、ジェネレーティブＡＩの開発を自らやめていた。けれど、今となっては自らも開発せざるを得なくなって、始めました。Cord Red、緊急事態宣言を出して開発し出したそうです。

　それに対して何が起こるかというと、マイクロソフトが圧倒的に有利になるというわけです。ChatGPTは「判断」しているわけじゃなくて、ビッグデータを言語処理して、テーマに合う文章を並べてるだけです。ですから、たくさんの文章を持っていると有利ですよね。マイクロソフトは、世界中のWordのデータを持ってるわけです。

南條　全部読んでるわけですか。

竹中　そう。圧倒的にマイクロソフトが有利になると言われています。グーグルが世の中を席巻していた時代が、あっという間に変化するかもしれない。

　先日、ギリシャで開かれたアドビの会議に行ってきたんです。アドビという会社は、いろんなソフトを作っていますが、「ＰＤＦ」で有名な会社です。アドビの役員に、「ChatGPTが出てきて有利ですか？　不利ですか？」と聞いたんです。どっちだと思います？

南條　有利なんじゃないですか。

竹中　そうなんです。圧倒的に有利だというんです。その理由はというと、「Photoshop」を持ってるからなのです。アドビは、世界中の画像データを持ってる。それらの画像を組み合わせると、「自動で映画が作れる時代が来ます」というんです。すでに、「Midjourney」というプログラムがあるんですが、例えば「アジアの夕暮れ、鳥が飛んでる」なんて入れると、それに合わせた画像がパッと出てきます。同じように、本だって作れるようになります。

南條　ただ、そこで出てくるのは標準的なものなんですよね。

竹中　でも、「異端の絵を描け」と言ったら、出てくるかもしれませんよ。

南條　東大の松尾豊先生と議論したとき、ゴッホが有名なのは、それまであったものとまるっきり違うものを作ったからだ、という話をしました。

竹中　オリジナルですね。

南條　ええ。僕は松尾先生に、「ＡＩにも、ゴッホのようなジャンプをすることができるのか」と聞いたんです。すると「できるかもしれない」と。ただ、ＡＩが変なものを作ったときに、それが「アートかどうか」ということは人間が決めるしかない。ですから、作るのはＡＩだけれど、「判断は人間だ」という話になったんです。

　でも、話はまだ終わりじゃありません。しばらくして、ある方にその話をすると、「だけど、ＡＩが作った絵をＡＩが判断するようになったらどうするんだ」と言うわけです。人間不在になる。ＡＩが作ったものをＡＩが判断するという時代が来るかもしれない。人間は抹殺される（笑）。

竹中　いや、まさに、２０２３年のダボス会議で、私はすごいものを見ました。会場に巨大なスクリーンがあって、そこでＡＩアートを映していたんです。奇妙に動く、タコの足かと思うような映像で、はじめは「なんだこれは」と思いました。なんだか摩訶不思議なんですが、見ているとどんどん引き込まれていく。冷静に考えれば、人間がどんなものに反応するかという情報が、ＡＩによって、そこに集約されているわけですね。

南條　レフィック・アナドルという作家が生み出した作品があるんです。これは、高さ5メートルくらいのスクリーンで、ぐわ〜っと動いてる。すでにＭｏＭＡで展示されていますが、これは完全にＡＩで作ってますね。

竹中　ＡＩアートですよね。このジェネレーティブＡＩの動きは、多分始まったばかりだと考えなければいけません。２０２３年の10月から、たった8カ月ほどでこれだけ変化しているわけですから、これから加速度的に、恐ろしいほどに変化すると覚悟しておかなきゃいけません。

南條　このレベルのＡＩの話は、ＩＣＦでは出なかったですよね。

竹中　出なかったです。ごく最近の話ですからね。

南條　ChatGPTなどが出てきて、ＡＩが画像も生成できる……こうした進化が、世の中をどう変えると思います？

竹中　始まったばかりの変革なので、まだ全体が見えないですね。ただ、結果的に、マクロで見れば生産性はかなり上がるはずですよね。だから、先ほど言った新しい分配制度、ベーシックインカムなどの制度は必要になるということ。

　もう1つ、ＡＩが仕事をするようになったら、人間に残るのは何でしょうか？　クリエイティビティと肉体なんですよね。クリエイティビティと肉体を磨く手段、そして、それを評価するシステムというものが出てくると思うんです。

環境問題のカギはグローバルサウス

南條　今、環境問題が、世界の大きな課題として立ちはだかっています。将来どうなると思いますか？

竹中　環境問題を議論するとき、はたしてどこの国がCO_2をたくさん出しているかといえば、圧倒的に中国なんです。今、アメリカの2倍くらい。日本は5番目くらい。

南條　でも、中国は、電気自動車が相当普及してるんじゃないですか？

竹中　ええ、でも電気自動車を作るためにものすごく電気を使ってるんです。そのうえテクノロジーが低いので、電池の寿命も短くて、使えなくなった電気自動車をどんどん捨てている。無駄をやってるんだと思うんです。

　最近、グローバルサウスという言葉がよく使われるようになりました。言葉としては非常に美しいですよね。要するにグローバルサウスを巻き込まないと、地球環境は良くならない、アメリカとヨーロッパと日本がやってもだめということです。

　以前話したかもしれませんが、IMFのゲオルギエバ専務理事が面白いジョークを言っていました。2人の人が森を歩いていました。するとクマが出てきた。1人の人はスニーカーに履き替えたので、もう1人が聞いた、「おい、そのスニーカーを履くとクマより速く走れるのか」。するともう1人が答えた。「いや、僕は君より速く走れればいいんだ」。これは、CO_2対策を、先進国だけでやってもだめだということですね。

　ただし、このジョークには後日談があります。クマの専門家に聞いたところ、「いや、クマというのは一番速いものを追いかけるんです」と（笑）。

　グローバルサウスを巻き込めと、G20の議長国インドはものすごく主張した。インドは「私たちはG7とは違う、かといってロシアや中国とも違う」、私たちは私たちだと。

南條　グローバルサウスに中国は入ってないんですか？

竹中　中国を入れる場合と入れない場合があります。国会で誰かが質問したんです。岸田総理は「入ってない」と答えたと思います。インドが主張するグローバルサウスには入ってないんですが、場合によって入れることもありますね。

徹底した「アートの空港」仁川

南條　先日、韓国の仁川（インチョン）空港に行ったんです。空港の外側の広大なエリアが開発の対象になっていて、「全部アートでやります」と言ってました。

竹中　あそこはIRじゃないんですか？

南條　IRは、パラダイスホテル&リゾートというホテルの中にもうできています。このIRもすごい。対象によってゾーンが全部分かれているんです。子どもがいる人たち、こちらは若い男女、向こうはバーやクラブ、こちらはカジノというように。ショッピングモールもあって、ここだけで2日や3日は楽しく過ごせるようになっています。ここはまさに統合的リゾート。そして、そのホテルの周りを、すべてアートにすると言ってるんです。

竹中 素晴らしい！

南條 ホテルの真ん中には、ジェフ・クーンズ、草間彌生のかぼちゃとか、すでにドーンと置いてあります。「すべてアートでやる」という内容を具体的に聞いてみたら、美術館もギャラリーもできるそうです。

それだけじゃありません。僕が参ったと思ったのは、保税倉庫も作るということ。しかも、長さ600メートル、横幅50メートルくらいのすさまじい大きさの倉庫を作るというんです。アートの世界で、保税倉庫は絶対に必要ですから、周辺国の方たちは、みんなこの巨大な倉庫を使うでしょう。僕は昔から、日本が大規模な保税倉庫を作るべきだと言ってきたんです。だけど、韓国にあれだけの倉庫を作られたら、そちらに行きますね。羽田は国際戦略特区になって、保税倉庫もできましたが、小さくて、全然だめです。僕は、成田をどうして羽田のようにしないのかと思うんです。

竹中 ええ、だから私たちは、羽田と成田を一体化してコンセッションしてくれ、一体化して、運営を民間に任せてほしいと言ってるんです。成田は形式は株式会社になりましたが、社長は国土交通省からの天下り。そのポジションは、国交省が離さないわけです。羽田は羽田で、ターミナルビルが株式上場してるからできないというんです。だったら、上場廃止すればいいし、株式を全部買い取るなど、やり方はあるんです。羽田空港は、ものすごい利権ですからね。

南條 羽田もアートを使うとか言ってますが、仁川と比べると全然だめですね。

竹中 羽田は放っておいても客が来るんです。羽田空港とJR東海は、何もしなくても絶対に客が来ます。今権利を持っている人は絶対手放しません。ようやく、入国エリアにもデューティーフリーショップができたでしょう？ あれは、私たちが主張してやっとできたんです。

南條 空港には、必ずデューティーフリーショップがありますよね？

竹中 そうなんですが、日本の空港の場合、出国エリアだけで、入国エリアにはなかったんです。その理由を確認したところ、「デューティーフリーで買い物ができるのは出国のときのみ」という国際条約が、一応あるんだそうです。ただ、それは40年前か50年前の条約で、もうどの国も守っていません。だから海外の空港に行くと、入国エリアにもデューティーフリーショップがある。日本だけが律義に守っていたわけです。

そして、その律義に守っていた理由も調べたのですが……その国際条約の組織に天下りの人を送ってるからなんだそうです。ここでもまた官僚の弊害です。

それが今、ようやく変わるんです。伊丹や関空もですが、民間運営になってずいぶん変わりましたよね。

南條 日本には、既得権益があって、もう必要がない規制なのにずっと守っているでしょう。そこに、お金がかかる。だから、何か新しいことをやろうと思うと、別に予算が必要になってくるんです。最悪じゃないですか。

竹中 例えばETCも、そうですよね。ETCを導入したのに、使わない人のレーンも残すんです。廃止すればいいんですが、日本というのは必ず「持ってない人かわいそう論」が出てくる。

今、ひどいと思うのはマイナンバーカード問題で、河野大臣が批判されてるでしょう？　国全体規模で新しいシステムを作るんですから、少しくらい不備は出てきます。1億2400万人の中から、少しばかりの不備が出て、それでマイナンバー自体を「やめろ」というのは、いったいどういう国なんだと思いますね。アジャイル(agile)を認めない国なんですよね。100%を求めて、アジャイルを認めない。この革新の時代に、大変なことになりますよね。

ハコものにしか予算が出ない日本

南條　仁川空港だけでなく、韓国全体でアートがすごく強いです。日本は完全に抜かれています。韓国には、国立現代美術館が4館、ソウル市立の美術館も4館あるんです。博物館・科学博物館はなんと65館もあるそうです。しかも、まだあちこちに作っているんです。美術館をどんどん増やし、発展させているんです。日本と逆です。日本は減らしてるんですから。

　しかも、数が多いだけじゃないんです。僕が国立現代美術館を訪れると、来館者でかなりにぎわっていて、デパートみたい。雑踏ですよ。それも、ほとんどが20代から30代前半の若者です。

竹中　ただ、日本全体の予算はものすごく増えてるんです。小泉内閣のときの一般会計予算は84兆円くらいでした。リーマンショックのとき100兆円くらいになって、2024年は140兆円になっているんです。文化予算は変わらないんですが。

南條　ということは、文化予算の割合は減ってるわけですね。

竹中　申し上げたいのは、変なことにお金を使ってるから、文化にお金が回らないということです。電気代とガス代がちょっと上がったからといって、差額を埋めるための予算を3兆円もつけたんですよ。イギリスの物価上昇率は10%、日本は4%。それくらい我慢しなくちゃならないと思います。弟がカリフォルニアに住んでいるんですが、ひどいときの電気代は月600ドル、8万円くらいになった。日本は少し上がっただけで3兆円の補助金を出す。びっくりですね。しかも新聞はどこも批判しない。

南條　どこから金が出てくるんですか。

竹中　いや、その金がないから、「とりあえず2025年以降考えます」と言ってるわけです。今ものすごく約束手形を振り出してる感じですよね。

　3兆円をばらまいて、文化庁の予算は1000億円くらい。サンフランシスコ・ジャイアンツが大谷をトレードで獲るために800億円用意したというニュースを聞いたとき、文化庁の年間予算は1000億円だと思い出し、200億円しか変わらないと……。

南條　日本は美術館を作るんですが、その後予算を減らしていくわけです。ビジネスならわかるんですよ、育たない会社はつぶれていいと。ただ、美術館はそれとは違います。予算をつけて、育てていかなければならないんです。

竹中　極端に言うと、美術館を作りたかったわけじゃなくて、美術館の工事をしたかったわけですよね。

南條　そう、公共投資ですよね。

竹中　前に話しましたね、1990年代、日本に音楽ホールが1000個できたんです。年間で平均すると、約100個。ということは、毎週2個はできていた計算になるんです。90年代、同じように美術館を計算すると、2週間に1個はできていたんです。結局ハコだけ作って、その後の予算は減らすという。

南條　しかも、ブームがあるみたいですね。美術館ばかり建つ時期と、次は図書館、次は公会堂とか。

竹中　横並びですからね。

東京を政府の直轄地にすべき

南條　東京をクリエイティブシティにしていくべき、と考えてますが、竹中さんは今後東京はどうなっていくか、あるいは、どうすべきだと思われますか？

竹中　まず、日本全体を見ると、人口が減っていきます。私の地元の和歌山県は、これから十数年の間に人口が20％減ります。秋田県も20％減ります。今までの集落が維持できないことは明らかなんですよね。

　ところが今の日本の国土計画というのは、そこに住んでいる人はずっとそこに住む権利があるという前提で、政府はインフラと公共サービスを提供する、というシステムになっています。しかし限界的な地域でもうそれは維持できないし、高いインフラコストは払えないから、中核都市に移住してください、移るための費用は出します、とするしかないんです。国土政策の大転換をする時期がまず来る。東北の人は仙台などに、和歌山の人は大阪などに、ということになると思います。

　そしてもう1つ、大きな課題は東京なんです。私は、東京は今のような形ではなく、政府の直轄地にすべきだと思う。アメリカで言えば、ワシントンD.C.、特別区と同じように。中国には、直轄都市が4つか5つあるはずです。

　地方自治法という同じ法律の中で、東京都と一番人口が少ない鳥取県がくくれるわけがありません。予算規模もまったく違うし、人口も20倍くらい違います。地方自治では、そこで暮らす人たちが安寧に住めるようにしましょう、というのが基本的な目標です。ただ、東京というのは、それ以上に日本の戦略基地ですから、特別区にして、究極的には、都知事を「東京都担当大臣」にすればいいと思います。

　例えば、港区もそうです。六本木ヒルズを建てる際、日照権で反対した人がいたでしょう。もちろん、住民が安寧に住むためにそういう主張があるかもしれないけれど、「港区を含む東京は戦略基地なんだから、そういう主張を超えてやりましょう」ということです。ここだけは戦略的に考えてもらわなければならない。

　直轄地、特別区にする。そして国土計画の基本を変えれば、東京はすごく可能性のある都市だと思いますよ。特に、近い将来、リニアで大阪などとつながりますから。ですから、２０３５年までに、日本の国土計画と自治体の枠組みを根本的に変えておかなきゃいけないと思います。

　何度か話していますが、リチャード・フロリダという都市経済学者が、夜に地球の衛星写真を撮っています。

南條　『クリエイティブ都市論』の著者ですね。

竹中　そうです。夜に衛星写真を撮ると、地球上には20から30の灯の塊が映る。灯の塊を「メガ地域」というわけです。この灯の塊の中で、イノベーションが起きているわけです。彼は灯の大きさでGDPを推計しているんですが、世界で一番大きな灯の塊は東京を中心とするエリアなんです。

南條　無駄に横に広がりすぎてる、とも言いますよね？

竹中　ええ、広がりすぎではあるんですが。今後の東京は、さらにリニアで大阪までつながるわけです。2番目に大きな塊は、ボストン、ニューヨーク、フィラデルフィア、ワシントンD.C.と続く、アメリカのイースト・コーストです。

南條　森稔さんが言ってましたよね、東京はもっと垂直都市にすべきだ、東京は広がりすぎていて無駄だと。

竹中　そうでした。2022年の1年で東京に入ってくる、流入超過は4万人ですよね。地方創生といって、政府は1万人を外に送ると言ってますが、いやいや、4万人入ってきてるんですよ、と言いたい。神奈川などを入れた首都圏全体で言うと、10万人入ってきてるんです。やはり人は、都市に集まります。

南條　そうなると、日本という国は、日本と東京でできているみたいですね。東京が巨大化し、他はどんどん小さくなっていくでしょう？

竹中　だから、他を拠点化すればいいんですよ。東京が広がってるというより、他が広がってるんです。だから、他を拠点化する。例えば、イギリスなどでリゾートという概念が生まれたのは、都市化の時代ですよね。都市に住むからリゾートが必要になってくるわけです。

南條　縮めて、小さい自治体をつぶしていったとして、それを片付けることが大変ですね。

竹中　自然を保護するためのコストは当然必要です。

南條　僕が知ってる、十和田湖の周りなどもずいぶん廃墟になってるんです。いくら廃墟でも片付けられなかったんですが、2年前くらいに法律が変わって、やっと取り壊しが始まってます。

竹中　そうですよね。例えば、函館の夜景は有名ですが、今どんどん空き家が増えている。それで、夜景を守るために市がお金を出して空き家に灯をともしているそうです。人口が減っていく中で、すべての村落を維持するなんてあり得ないですよね。こういうことを言うと、地方いじめとか言われるんですが、そういう現実に向き合わないといけないですよね。

南條　山間に住んでいる人たちに、街に来てくださいと。ある町が実際にそうしたんですよね。数人しかいない村は見捨てるしかない、橋が壊れたら直せないし、街に移りなさいと。

竹中　限界集落、閉じてる集落はけっこうあるんです。

南條　どんどん増えてるんじゃないですか。

竹中　増えるのはわかっているので、そのための枠組みを作る必要があるんですよね。

東北でも、阪神・淡路大震災のときの神戸市長田区でも同じなんですが、震災後の復興を考える際に下降しているところを元に戻すという発想ではだめなんですよ。元に戻ってまた下降する。まったく新しい街を作るべきだったと思います。

実は、東日本大震災のときの復興構想会議はひどかったんです。各省庁が各利権、予算を守るためにコントロールしてしまったんですよね。復興構想会議のときに、予算を丸ごとすべて地方に出す、地方がすべて決めて実行する、という新しい発想でやっていれば違ったと思います。

南條　あの巨大な堤防は誰が決めたんですか。国が決めてるんですか？

竹中 多分そうです。予算が省庁ごとですから、一般の道路などは国土交通省の予算でやってますし、農道の予算は農林水産省と、すべて縦割りで各省庁が守ろうとしたんですよ。

南條 政治は大変ですね。

竹中 大変ですよ。でも結局国民が悪いんです。

南條 役人が相当決定権を持ってるじゃないですか。省庁ごとじゃなく、もう少し上からものを見られなきゃだめなんじゃないですか。

竹中 それを抑えられるのが政治なんですが、政治家を選んでるのは国民ですから、国民にも責任がありますよね。

戦後日本、官僚政治の功罪

南條 戦後の復興期である、1950年代、60年代というのは、役人に相当ビジョンがあった気がするんです。都市を作るという発想があり、役人側の強いリーダーシップがあった。丹下健三のような建築家は、それに乗って世に出た人だと思うんです。今、役人にそういうビジョンを持っている人が少なくなってしまったんじゃないかという気がします。

竹中 私は南條さんの意見とちょっと違って、以前もそんなにビジョンがあったわけじゃないと思うんです。ただ、戦後復興期から高度成長期というのは、やるべきことが極めて明解だったんですよね。キャッチアップすればいいんですから。キャッチアップするために、ボトルネックが生じないようにするという意味では、役人はうまくやった。例えば、乗用車を作るとき、鉄鋼が間に合わないなどというボトルネックが生じないように細かくうまくやれたんです。とはいえ、きちんとしたビジョンがあったわけじゃないと思います。

今、ジョンズ・ホプキンス大学高等国際関係大学院（SAIS）にいるケント・カルダーが“Strategic Capitalism”という面白い本を書いています。邦題は『戦略的資本主義』。例えば、日本の高度成長のきっかけになったのは、川崎製鉄千葉工場が「一貫製鉄」をやったことだというんです。そのときは「一貫製鉄」に対して、需給バランスが崩れると通産省が反対したんです。日銀も、そのために大事な外貨を使えない、割り当ては変えられないと反対しました。このときの日銀総裁は、一萬田尚登、「法王一萬田」と呼ばれたワンマンで知られた人物です。一萬田は、「あんなものを作ったら川鉄にぺんぺん草をはやして見せる」と豪語したそうです。通産省にも日銀にも反対されながら、川鉄はやったんです。それが起爆剤になって、日本経済は高度成長へと進んでいくわけです。川鉄の味方になったのが、大手町の銀行でした。当時の興銀を中心とする人たちには、ビジョンがあったんですね。ですから、「当時のヘッドクォーターは霞が関でも永田町、日銀でもなくて、大手町にあったんだ」というのがケント・カルダーの説明でした。すごく納得できる説明でした。

実は、官僚ビジョンに期待するということ自体がおかしいんですよね。政治がビジョンを持って、それに対して中立的に働くのが官僚です。

南條 でも官僚は、すぐ抵抗したりしますよね。

竹中 そこにはやはり、「アイアントライアングル」、鉄の三角形があります。既得権益を握った業界と、その代表としての族議員、その間を取り持つ官僚という三角形があるんです。これはどこの国でもあるはずです。ところが、日本の場合、官僚の力が圧倒的に強いので、硬直的に調整されてしまうんですよね。

南條 それに日本は、人の流動性が少ないですよね。ずっと同じ部署や役職にいる人が多い。アメリカなどを見ると、ずいぶん人が入れ替わってますよね。

竹中 ええ、たしかにその通りですね。私、小泉進次郎さんがアメリカから帰ってきて、政治家になるとき、初めて会ったんです。「お父さんと一緒に仕事をさせていただきました」と言ったら、進次郎さんに、「先生、官僚主導の何が一番悪いんですか?」と聞かれたんです。すごくいい質問ですよね。

私はそのとき、「2つあると思う」と答えたんです。日本の官僚は終身雇用、年功序列になっている。終身雇用だから、「国民のためにいい政策」もあるけれど、「自分たちの力の温存のためにいい政策」もある。終身雇用だと、どうしてもそうなってしまう。先輩のための天下り先を作るなんて、まさにそうです。官僚が終身雇用でなければ、先輩の天下り先なんて作る必要はないわけです。

もう1つは、国民に選ばれてない、信託を受けていないので、大きな政策ができない。郵政民営化なんて、郵政省の役人から絶対出てこない政策ですよね。「その2点が、官僚主導の悪い点です」と答えました。そこは政治がきちんとやらなくてはいけないし、政治がちゃんとやってるかという指標は世論調査に現れるんですが、この世論調査がまた、ものすごく気まぐれですよね。私、「世論は間違う」と発言して、かなり叩かれましたけど(笑)。

南條 世論は……どうしようもないですね。専制国家もだめだし、民主主義国家もなかなかうまくいかない。

竹中 だから、世界的には専制国家が増えてるんですよね。スウェーデンの学者が、国家体制を4分類しています。完全な専制主義、選挙がある専制主義、完全な民主主義、その中間という4分類です。すると、その学者の調査によれば、専制主義に属する国が100を超えたそうです。世界196カ国のうち、106カ国くらい。

南條 半分以上は専制国家なんですね。

竹中 まさに今、民主主義の危機なんですよ。

南條 そうですよね、だけど民主主義国家の代表、アメリカも弱ってる。

竹中 アメリカの経済はまあまあですが、アメリカの民主主義がひどいことになっていると思います。

南條 思想がだめですよね。

江戸時代はユートピアだったか

南條 今日の、「時間持ち」や「ベーシックインカム」の話で、思い出した逸話があります。

日本で言えば江戸時代の頃、フランスのリヨンにギメという大金持ちがいたんです。もともとテキスタイルの仕事をして、事業に成功したそうです。ギメは、スタッフを世界中に送り、その地の文物調査をさせ、それを持って帰らせ、レポートを出させました。そのコレクションが、今日ギメ東洋美術館として、パリにあるんです。

ギメが送り込んだスタッフは、もちろん日本にも来て、レポートを残しているんですが、「日本というのは貧しい人でもいろんなことをして、楽しそうに暮らしている珍しい国だ。金の多寡が幸福を決めていない」というようなレポートなんです。

たしかに、考えてみると、江戸時代というのは、みんな文化に生きていたんじゃないかと思うんですよ。金がなくても俳句は作れる、他にも三味線があって、小唄、端唄がある。江戸の庶民には、いろんな楽しみの選択肢があって、その中で適当に楽しんでいたんじゃないかと。

ＡＩが働いてくれる究極の世界は、実は江戸時代のような世界なんじゃないかと思いました。ＡＩが仕事をしてくれ、ベーシックインカムが来て、あとは趣味で生きる。結局、人生の幸不幸というのは、今この瞬間をどのくらい充実させていけるかという積み重ねでできている。そうすると、楽しく暮らせれば、それでいいんじゃないかと思えます。

竹中　ええ、ただ江戸時代はサスティナブルじゃなかったわけですよね。新しい技術、革新などをストップしていたから。そんな中、当時の表現で「天下泰平」という言葉がありました。相撲の行司の軍配にも書いてある言葉です。人々は、革新を止め、外国を遮断した、「天下泰平」の中で静かに暮らしていた。

それから、ギメのスタッフたちが見たのは江戸とか浪速だと思うんです。地方はまた違いますからね。

南條　鎖国して、日本だけが1つの世界であって、発展はなくていいです……という中で楽しく暮らしていた。

竹中　はい、でもそれはサスティナブルじゃありません。何が起こったかといえば、鹿児島の街が、薩英戦争で半日で半分焼かれ、開国せざるを得ないということになった。薩摩はもともと尊王攘夷で、開国に反対していたのですが、大砲を撃ち込まれ、街が焼かれてしまった。これでついに、今のシステム、つまり「幕藩体制はサスティナブルでない」と気づいたわけです。

南條　外圧で気づくわけですね。

竹中　今の日本もそうですよね。さっき「踊り場」だと言いましたが、心地よいけれど、どう考えてもサスティナブルじゃない。

南條　だったら、また鎖国するのはどうですか？

竹中　鎖国を未来永劫続けられ、その間所得水準がどんどんアメリカと離れ、韓国にもう抜かれましたが、さらに引き離される。それでいいならいいですよ。しかも、鎖国は未来永劫続けられないですよ。

南條　1つのユートピアの理想としては、江戸時代だったのかな。

竹中　永遠に続けば、ですね。でも続かないんです。

南條　やっぱり、２０３５年くらいに明治維新級の大変革が必要なんですね。

12年後か、僕はまだ生きてるな（笑）。

竹中　ええ、ですから、法律を見直す、ベーシックインカムの制度を考えるなどという準備をいかにしていくか。素晴らしいリーダーが出てくるか、ですね。

２０３５年、楽しみじゃないですか。

〈２０２３年6月インタビュー実施〉

市川宏雄 氏

東京という都市の良さを示す「感性価値」行政と民間のプラットフォームを作るべき

「世界は動いているのに、東京はことごとく動いていない」。強い危機感をあらわにする、都市政策の専門家である市川宏雄氏。
「2035年の東京」は、「オリンピックという好機を逃し、このままいくと相当疲弊した社会になる」と語ります。一方で、高評価される東京の「感性価値」、またベイエリアの再開発や、ナイトタイムエコノミーの展開余地など、数々の可能性を挙げていきます。
都市の専門家だからこその市川氏のアイデアに、南條氏がアート分野からの視点で意見を重ねていく――。お二人の東京を活性化させる「戦略」は、どんなものになるでしょうか。

オリンピックという好機を失った東京

南條　2035年の東京、そして日本を、市川さんはどんなふうに思い描いていますか？

市川　2035年、このままいくと日本は相当危ない状況になります。人口高齢化が進み、おそらく相当疲弊した社会になり、2030年ぐらいで失速し始める。

南條　失速、ですか。こわいな。

市川　ですから、それまでに、どこまでがんばれるかなんです。がんばらないと、本当に危ない。今のうち、この10年間をがんばれば状況は変わります。けれど、今の日本は縦割りで、本当に物事が進まないんですね。大至急やらないといけないことは山ほどあるのに、まったく危機意識がなく、相も変わらず縦割りで何も変えられない。私はとても懸念しています。

南條　市川さんは、オリンピック開催が、東京にとって大きなチャンスだったと見ていましたね。ロンドンはオリンピック後に世界の都市総合ランキング（GPCI）で首位になったように、東京も伸びると期待されていました。でも首位にはなれませんでした。どうしてでしょう？

市川　一番簡単に言える要因は、2020年に開催予定だったのが、コロナのパンデミックによって2021年開催になってしまったことです。しかもそれが無観客でした。やはり、客が来なければ、次のステップはないわけです。2012年に開催したロンドンの場合、海外から多くの人が訪れたことによって、その後の波及効果がありました。街そのものを変えたという評判があり、多くの人が来ることによって「ロンドンがすごい」ということになり、投資も増える、ロンドンのパワーアップが起きたんですよ。そして、GPCIでトップだったニューヨークをロンドンが抜くわけで

市川宏雄 氏

市 川 宏 雄

明治大学名誉教授／帝京大学特任教授／森記念財団業務理事

森記念財団都市戦略研究所業務理事、大都市政策研究機構理事長、日本危機管理士機構理事長等の要職を務め、海外ではSteering Board Member of Future of Urban Development and Services Committee、World Economic Forum（ダボス会議）などで活躍。都市政策、都市の国際競争力、危機管理、テレワークなどを専門とし、東京や大都市圏に関してさまざまな著作を30冊以上発表してきた。これまで政府や東京都をはじめ、数多くの機関に会長や政策委員として携わり、現在、日本テレワーク学会、日本危機管理防災学会の会長。早稲田大学理工学部建築学科、同大学院博士課程を経て、ウォータールー大学大学院博士課程修了（都市地域計画、Ph.D.）。1947年、東京生まれ。一級建築士。

す。

本来、こうしたインパクトがあるのが、オリンピック開催なのです。ただ、オリンピックの開催国にもさまざまなパターンがあります。例えば、1964年にオリンピックを開催した東京のように、戦後の何もなく、整備が進まない中で一気にモータリゼーションに対応し、首都高速、環七、環八と道路を整備し、インフラを作ったようなケースです。

南條 いいタイミングでインフラを整備したわけですね。

市川 こうした開催国は多く、北京、リオデジャネイロなどもそうです。オリンピック開催によってインフラを整備して、都市としての形を整える。一方、ロンドンはそういうレベルではありません。インフラはすでにありますから、都市の「質を上げる」ということに成功したわけですね。では、「質」とは何か。例えば、開発の場所として、ロンドンで最も低所得者が多いストラトフォードというエリアを選んだ。

南條 ロンドンの東の方ですね。

市川 東の、いわゆる最も開発の遅れた場所を使うということをアピールしました。英語で「ソーシャルインクルージョン」と言います。そうすることで、社会的弱者をうまく全部巻き込んだということをPRし始めたのです。そうした誘致（ゆうち）活動でパリに勝ち、ロンドン開催が決まったんですよね。その流れの中で、実際に街を作ってみて、たしかに変わったということを示したわけです。

もともとロンドンが持っている力もありますから、世界が見て「ロンドンがすごい」となれば、それだけで投資も増えるし、人も来ます。人というのは、観光客以外、いわゆる人材です。オリンピックをきっかけに這い上がろうとする都市の基盤整備とは違うレベルで、都市のランクアップに成功したのです。ロンドンは、「成熟した都市」として行ったオリンピックの一番いい例であり、うまく浮上して波に乗ったのです。

東京は、まさしくロンドンを真似しようとしたわけです。2020年に同じように開催しようとしたのですが、あいにくコロナ禍のために無観客開催となり、人がほとんど来なかった。東京の素晴らしいところはいっぱいあるのですが、来なければ街を見てもらえません。国際社会の中で、「東京は攻めてるな」と、わかってもらうことができなかったのです。

南條　なるほど、たしかにそうですよね。けれど、コロナ禍以後の現在、インバウンドが戻ってきていますよね。オリンピックのときは人が来なかったけども、今、それと同じ効果が起こるとは考えられないんでしょうか？

市川　やはり、オリンピックとは違います。今の日本はインバウンドが戻っているだけ、つまり観光客が戻っただけです。ロンドンのように、観光客だけではなく、投資家も含めた、産業に関わる人々がいっぱいやってこないとだめです。今後もおそらく、戻るのは観光客であって、ビジネス系の人ではありません。東京でオリンピックを開催することで、「都市のパワーがすごいんだ」ということを見せ、新たな投資環境を求めるビジネス系の人が入ってこないと、都市の力は上がらないんです。

南條　市川さんがおっしゃる、「２０３０年までにがんばる」という貴重な機会を、東京はコロナ禍のために逃してしまった、ということですよね。

　じゃあ、これからどうするか、なんですが。投資が伸びないということは、やはり環境がまだ良くないということですか。

市川　ええ。ただし、それは東京都の責任ではありません。東京都は、私もメンバーに入っていますが、「『国際金融都市・東京』構想」を打ち出して投資環境を良くしようとしているんです。ただ、結局、東京ががんばれることもありますが、多くは国が決めるわけです。法人税であれば財務省、外国人を雇うには、法務省が絡んできます。

南條　それは、国がバリアというか、やりにくい状態を作っているということですか？

市川　バリアというか、遅いですね。変えるのが非常に遅い。それには理由があって、東京の人は、「東京がパワーアップしないと日本が危ない」という認識をちゃんと持ってるんですが、日本全体ではまったく共有できていないことなのです。多くの政治家には、地元がありますから、「東京ばかり儲かって、なんだ」という話になってしまう。東京ががんばっているから地方にもお金が回って、日本が何とか持ってるのに、そこには目を向けない。自分たちの選挙区に何か持っていこう、という頭しかないんです。かつては霞が関にまだ良識があったのですが、今や政治力が強くなってしまい、周りも反発できない。状況は非常に悲観的ですね。

　オリンピックという、ある種のビッグイベントで一気に浮上しようというシナリオが壊れた今どうするのか、と誰も語らないんです。

シナリオなき大阪万博はどうなる

南條　次は大阪万博があるじゃないですか。

市川　難しいですよね。肝心なのは、大阪がいかに自己認識するかなのだと思います。大阪という都市が地盤沈下してしまっている状況を見据え、「どうやって這い上がろうか」というシナリオを作れるのか。そうでないと、ただのお祭りで終わってしまう可能性もあるかと思うんです。

南條　だからこそ、万博は這い上がる手段の1つなのではないですか？

市川　きちんとしたシナリオがあったうえで、万博を開催すれば手段になり得ます。けれど、今回はたいしたシナリオがないところで開催するわけです。

南條　そのシナリオというのはどういうものなんでしょう？

市川　「大阪をどういうふうにしよう」という方針ですよね。東京の場合は、好むと好まざるとにかかわらず、世界の都市間競争に組み込まれてしまっているので、すでにがんばらなきゃならない立場にある。望んだわけではないけれど、東京はもう戦わなければいけない世界にいて、「やるっきゃない」状態になっている。「やるっきゃない」の中身はさまざまですが、少なくとも、政治も民間も、東京でやることは全部世界標準で行うわけです。東京に関わっている人々、企業も含めて、自分たちががんばらないと会社が持ちませんから、世界を見ているんです。つまり、東京はすべて自動的に世界標準のことをやっているということなんです。

　ところが、大阪はそうした都市間競争にまだ組み込まれていません。そういう「自意識」がないんですよ。南條さんは、大阪にはよく行きます？

南條　いや、あまり行ってないです。

市川　大阪という都市は、自虐的なところがありますよね。自虐を笑う文化、それはそれでいいのですが、大阪が、「地盤沈下してるから這い上がろう」というシナリオをまだ作っていないんです。

南條　作っている人もいるんでしょうけど、統合されてないのかもしれないね。

市川　いろんな解釈があってね。我々、都市を専門としている人間から言うと、大都市圏のパワーが今非常に重要なんですよ。

　大都市圏というと、東京圏は一都三県です。東京の周りに、埼玉、千葉、神奈川。東京圏は、これらが同時に動いているんですよ。ある意味、東京がトップなので、周りは付いてくるしかない。関西圏は、京都、兵庫、大阪。ところが、関西に行くとわかりますけど、それぞれがバラバラなんです。仲が悪く、お互いに協力しようとしない。

　都市圏の人口として、東京圏が３６００万人を超して、３７００万人に近づいています。対して関西圏も滋賀、奈良、和歌山も入れれば２０００万人いる。すごい都市圏なんですよ。ただし、数で言えば大都市圏ですが、中に入ってみるとバラバラなんです。大阪と神戸と京都。京都と大阪は仲が悪いし、連携していないんです。ただ奈良などは、大阪のベッドタウンになっているので人の動きはありますが、相互に動き合っていないんですね。

　もちろん、それぞれがバラバラに動いている方が、むしろいいときもあります。お互いにパワーを持って競い合えばいいのですが、関西は今そういう状況じゃないですよね。

南條　関西のバラバラな感じ、よくわかります。実は展覧会にすごく関係があって。展覧会を巡回するとき、関西圏のどこで開催するか、という話になるんです。神戸、京都、大阪、それぞれに美術館があります。でもどこか1カ所開催でいいという話になると悩ましい。京都であれば、大阪と神戸からも人が来るだろうと言うんですが……どうしても、中心が分散しているんですよね。だから、巡回のたび「今回はどこでやろうか」「神戸でやっておこうか」となる。これが東京圏なら、迷わず東京ですよね。

市川　都市にかかわらず、人々は分散を好むんですよ。1カ所に集まるのは嫌で、分散したがる。裏を返せば、大都市圏でありながら、関西圏というのは大阪と神戸と京都とに分散していて、パワーバランスという意味では理想形なんです。ただ、お互いにパワーを持ち寄ればもっと上がるんですが、現実を見るとそうじゃない。神戸が少し衰退し始めていて、京都は自分の姿勢を維持して動いています。そして、大阪と京都は仲が悪い……。

　大阪で講演をすると面白いんですが、大阪の学者が「関西で何かいいことをやろうと思う企業は、京都に行ってしまう」と言うんです。京セラも含めて、でしょう。「なぜか大阪じゃないんだ」と言って、ガハハと笑うんですね。この「自虐」な感じ。それが大阪なんですね。自虐でも何でも笑っていれば幸せという文化は、魅力ではあります。ただ、危機感のなさにもつながってしまう。

　東京の場合は、幸せかどうかは別にして、「放っておくと世界に食われちゃう」ということを知っている。

地方の大阪、「合衆国」の東京

南條　大阪万博は、今もうお金がないと言って大騒ぎしてますよね。

　大阪は、どういうシナリオを持つとよかったんでしょうね？

市川　過去に、いろんな人が大阪に行っています。バブル期に、東京がもう逼迫してしまって、大前研一さんが「次は大阪だ」と言って大阪に行きました。でも撤退しました。撤退にはいろんな理由があると思いますけど、やっぱりローカリティが強いということが一番大きいのではないかと考えています。

　まず大阪に行くと、関西弁が喋れないと仕事にもならないようなところがあります。そして一緒に食事でもして、「仲良くなった」と確かめ合って、初めてビジネスも動く、という印象があります。

　前に、クボタの重役に聞いたことがあるんですが、大阪では、「やはりお互いに、まずその『人』がわからないと始まらない」というようなことを言っていました。

南條　都市というより地方だね。

市川　そうです、地方なんです。対して、東京というのは合衆国。いろんな地方出身の人たちが寄り集まっているんです。

南條　そこで、大阪には、どういう都市としてのシナリオがあるんですか？

市川　うーん、難しいかもしれない。

南條　神戸、京都は？

市川　神戸、京都は好きなので、がんばってほしいですけどね。

南條　京都ははっきりシナリオが見えますよね。やっぱり、文化があって、観光があって。

市川　京都はすごいですよ。私マンションを持ってるので、たまに行くんですよ。京都は大好きです。東京とは一味違う。

南條　京都に小さいアパートを持つ東京人が、最近ものすごく多いですよ。

市川　不動産は東京の半額以下ですからね。

　うまく言えないですが、個人的に、大阪とはテイストが合わない。京都は非常に良くて、やっぱり都なんです。長年都だった街というのは違うじゃないですか。人間は別ですが。

南條 外から人が来て、人が常に流れている街でしょう?

市川 はい、ただし知り合いに聞くと、住んじゃだめだと言われます。生活すると、旅で訪れたときとは違う面倒さがあると聞きますよね。私の知り合いは東京出身だったんですが、京都の大学の学長になったので、通勤をやめて奥さんと一緒に京都に移り住んだんです。住んだ瞬間に、よそ者が来たと言って監視が始まったそうです。でも、よそ者でいる限り、大丈夫。

南條 監視する人は誰なんですか? 職場で?

市川 隣近所。私も、京都にマンションを買ったときにけっこう見張られましたからね。ただ、直に挨拶に行って、私はこういう者です、と言った瞬間になくなるんです。要は、よそ者に対して非常に警戒心が強いんですね。

京都の良さはあるんですが、住んだらまた大変なことはありますね。

可能性を秘める東京ベイエリア

南條 ロンドンオリンピックで、街の東側を開発したという話がありましたね。東京の近郊に置き換えて考えると、お台場あたりはまだまだ土地がありそうですよね。東京オリンピックでもっと開発すればよかったんじゃないですか。

市川 お台場と有明、東京オリンピックでもけっこうベイエリアを使っていますよ。「お金がかからないオリンピック」というテーマを打ち出して、会場は選手村から20分以内という規定を作ったことで、世界の強力な候補地に勝って誘致できたんです。ですから、晴海にオリンピック村を建設し、その周辺に会場を作ったわけです。

南條 今後もずっと使い続ける、恒久施設が増えたということですか。

市川 スポーツ系は、全部そのまま使っていきます。これはオリンピックの効果ですよね。ただ問題は、ベイエリアをどうするかという具体的なシナリオがまだ見えないことですよね。議論はしていますが……。

南條 東京では、あの辺が一番都心から近く、開発しやすい場所なんじゃないですか。

市川 少し詳しく言いますと、東京の開発は誰がやるかというと、民間会社なんです。民間事業者がやることに対して、行政は単に「イエス・ノー」と言っていればいい。ところが、ベイエリアの土地というのは、かなり多くの部分を東京都が持っているんですね。

行政が持っている土地というのは、なかなか動かないんです。彼らは開発しませんから。なぜしないかというと、役人というのはリスクがあることは全部後に回すからです。うっかり「東京をいいところにしよう、がんばろう」とやると、失敗するかもしれない。

南條 よくわかりますよ。

市川 一番簡単なのは売ってしまって、民間に開発させることなんですよ。ただ、資産を保持していたいので、普通は売らないんです。例えば、東京都が持っている土地を70年の定期借地権にして貸すなどという方法でしたら、これまでたくさん例があります。そのうえで、民間が開発していきます。

ベイエリアにかなりある都の土地は、まだ借地にもしていません。今、これからどうするかという議論をしています。実は、議論をしている段階で民間が出てきていないんです。民間が都心の開発に忙しく、そこまで手が出ないからです。やはり、ベイエリアは都心から若干遠いんです。

なぜ遠いかという話をしましょう。１９９６年に開催される予定だった「都市博」がありましたよね。

南條　キャンセルになりましたね。

市川　鈴木都知事から青島都知事に替わって、とりやめです。当時私は都市博の委員をやっていて、出番だと思ったら中止でした（笑）。

そもそもおかしいのは交通機関なんですが……。臨海開発というのは、ロンドンの真似だったんです。東ロンドンを、ライトレールという、運転手なしのコンピュータ制御の電車が走っていまして、それを真似したのが「ゆりかもめ」です。それはいいのですが、「ゆりかもめ」というのは新橋を出てくねくね曲がっているんですね。もう、ほとんど遊びに近い。東京都心からまっすぐに地下鉄を通せばよかったものを、なぜこんなことになったのか。

有楽町線はベイエリアの端の方を走って、新木場まで行っていますが、お台場の方には来ていません。何も電車が走っていなかったところに開発を始めたんですが、もう時間もなかったし、ゆりかもめを作って回せばいいだろうということになった。開発はされたんですが、結果的に都心との連結が非常に悪くなってしまった。その後放置していたら住宅がどんどんできて、タワマンだらけになってしまった……というのが現状ですよね。

何が問題かというと、まっすぐに鉄道を通すべきだったんです。私も関わっていますが、今になってやっと臨海地下鉄という新線を、東京駅から国際展示場にまっすぐ走らせる計画が始まりました。

ベイエリアの問題は、やっぱり住宅がたくさん建ってしまったことです。当初は業務機能も含めた多くの計画を考えていたんですが、あれだけ住宅ができてしまうと、もう開発できないですよね。

南條　それだけの人が住んでいたら、ゆりかもめも混むんでしょうね。

市川　ゆりかもめはベイエリアをぐるりと回っているので、通勤、通学の客ではさほど混まないんです。今混んでいるのは、大江戸線と有楽町線。豊洲駅や勝どき駅のラッシュアワーは破綻してます。そもそも、こんなにたくさんの人が住むという想定がなかったんです。

南條　じゃあ、お台場は、東京の開発にはあまり役に立たないんですか？

市川　いえ、お台場は、すでにけっこう建物も作られています。フジテレビが移転しましたし、ＪＡＬホテルが一旦青海に移って、また戻りましたが。

「ヴィーナスフォート」もありましたね。あの土地は、東京としては売らずに貸す開発方式だったのですが、お金がなくなっちゃったので売ってしまったんです。トヨタ自動車がその土地を買って、「ＴＯＫＹＯ Ａ-ＡＲＥＮＡ」というスポーツ施設になるようです。

南條　そこはよいとして、海の方に行くと、まだ空き地がいっぱいあるじゃないですか。

市川　都心からお台場に行こうと思うと、やはり遠いんですよね。地下鉄は通っていますが、新宿から大きく曲がって大井町経由になるんです。または、新橋からゆりかもめ。こちらもぐるりと回ってますから、交通的に不便だということは確かです。

やはり交通網がしっかりできてないと開発は進まないんです。都心から近いわりに、お台場や有明のあたりはある種の交通過疎です。

ベイエリア開発のカギはＭＩＣＥ

南條　では、東京の開発、これから発展するためのシナリオとしては何が一番重要でしょうか？

市川　やはり、可能性を秘めたベイエリアはこれからのキーワードです。まだまだ開発されていない土地があり、しかもそれを東京都が持っているんですからね。

南條　東京都としての案は、何かあるんですか？

市川　作り始めていますが、決定打はまだないですね。その理由は、今、都心の大規模開発の更新でどんどん動いていることなんです。日本橋、八重洲辺りは、既存のビルを建て替えて、どんどん開発されています。山手線内の多くのエリアは東京駅から6キロ圏内にあり、近いんですよ。開発する限り、人々が活動を始めることは確実なので、他のエリアまであまり進まないんです。これから5年、10年ぐらいは東京都心を中心に再開発を行い、その後はやはりベイエリア。次のステージで絶対に必要なのは、ベイエリアなんです。ちょうどこれから、ベイエリアと都心の接点にある築地は開発を始めますので、事業者が決まって、まず築地の開発が始まり、うまくいったらベイエリアにつながっていくという流れです。

その後に、先ほど話した臨海地下鉄が通ります。そういう意味では、流れはできていますが、時間がかかる。10年から20年ぐらいかかります。

南條　ベイエリアはどういう場所にしていくんですか？　住居？

市川　絶対に、住居でない方がいいですね。ベイエリアは北と南で分けて考えています。北は複合で、商業とＭＩＣＥですね。アートも関わりがありますが、特にＭＩＣＥ系が重要です。今ＭＩＣＥ系を増やすことが、東京の最大のテーマなんです。それがベイエリアの北側、地名で言えば、お台場というよりも有明ですね。有明の江東区側。このあたりは、比較的都有地が多いんですね。

南側は、いろんな社会実験ができるようなエリアを想定しています。ＤＸを使ったさまざまな実験、無人運転の車もいいし、何でもできるようなエリアです。世界でも、都心でそうした実験ができる場所はあまりないのですが、東京にはある。東京は非常にいい財産を持ってるわけです。世界最高レベルのテクノロジーを持つ東京が何かやる、という実験場になれるんです。それをどういう形で世界に発信するのか。問題は民間事業者が入らないと進まないことです。何かメリットが見えないと、メーカー、民間は動きません。民間事業者が入って、ちゃんと全部組み合わせてやれば、すごい規模になります。

こうした場所を持っているという点で、東京は実は世界の中で非常に優れた都市になり得ると思います。

南條　東京のシナリオのカギはベイエリアにあるということでしょうか。

市川　東京が持続可能な都市になるためには、持っている良さをいかに都市の上に考えられるか、だと思います。その良さとは、世界トップレベルのテクノロジーです。テクノロジーを、どうやって都市の上で使うのかということになってくる。それを実践する場として、一番いいのは臨海。特に人があまりいない、ベイエリアの南側ということになります。始める以上は世界のショーケースにならないと、人は集まってきません。

　実は今、東京都から「スマートシティ」について相談を受けています。スマートシティは当然DXが関係してきます。ビッグデータを使って都市を運営するわけですよ。一番有名なのが、カナダのトロントでグーグルが始めた「Google City」。理想の街を作るため、ビッグデータを使って人々の行動を全部見ながら都市運営するという試みでした。人の特性がわかりますから、その人の次の行動を予測して準備してあげる。そんな街を作ろうとしたんです。ただ、実行するために住民の合意がいるという規定があったので、住民の合意を取ろうとしたら……。

南條　すごい反対運動にあったんでしたよね。

市川　はい、プライバシーの侵害だと。この一言は大きい。DXを運営していくと、最後の個人情報に関わった瞬間に、人々は「NO」と言うんです。というわけで、「Google City」という、世界で最も有名なスマートシティの実験は終わってしまった。

　もし東京で実験するならば、ベイエリアは必須です。ただ、グーグルのカナダでの失敗を教訓に、あまり夢ばかり追うのではなく、プラスマイナスをどうするかということも併せて実験する必要があります。

　無人運転みたいなものはまず考えられますが、問題はその次のレベル。情報テクノロジーを使ってどう都市運営をするかということが問題ですね。ChatGPTもそうですが、テクノロジーはどんどん人々の行動の先を行ってしまいます。これは、とても難しい点になってきていて、それを含めた実験をベイエリアで行うんです。

　ベイエリアを、そんな先端の場所にすることができれば、２０３５年、東京は輝いていると思います。

24時間街を楽しむ「ナイトタイムエコノミー」

南條　市川さんは以前から、東京には「朝から晩まで楽しめる場所の発信が求められる」と、「ナイトタイムエコノミー」を提唱しておられます。

市川　ええ、インバウンドにとって東京の最大の欠点は、夕方から夜の時間帯に楽しむ場所がないことです。東京には、夜は店を開けてはいけないなど規制がけっこうあるんですね。規制を緩和しようという動きはあるのですが、ちょっとずれていて……。「夜間の営業を許可させよう」みたいな運動なんですね。私が言う「ナイトタイムエコノミー」は少々違って、「夜の街全体をパッケージで楽しめる東京にしよう」ということなんです。

　シンガポールに行くと、街の海側がマリーナベイという湾になっているんですよ。この資源を使って、訪れる人たちを楽しませようということを街全体でやっているわけです。夜7時、8時くらいから2時間ほど、プロジェクションマッピングをやったり花火をあげたりする。食事前に見に行ってもいいし、食後に行ってもいい。人々は、花火を見るためにマリーナベイに集まってくるんですよ。そういう場所を、あえて街に作ったんですよね。それはシンガポールという、ああいう都市の独特な流れとして必要なわけです。

　東京はこういうことをしていないんです。

南條　なるほど、香港もすごいですよね。尖沙咀（チムサーチョイ）の方から見ていると、向こうのビルを全部使ってライトアップをしてるんです。

市川　今や当たり前なんです。世界の常識は、日本の非常識ですけどね。

　例えば上海です。対岸がバンド、船着き場になっているんですが、3時間ぐらい観光客を船で移動させるわけです。こうして夜景と船を楽しんでもらう。東京はそういうことをやっていない。ですから私は、東京で「ベイエリアアミューズメント」というアイデアを出しています。ただ、やろうと思うとなかなか大変です。東京のベイエリアの夜景を見ると、屋形船はありますけど、他には何もなくて寂しい。上海には、シンガポールのような花火はありませんが、船も出ていますし、バーなどもあります。3時間ほど、ここで夜が楽しめるわけですよね。こうした場所を作るべきじゃないか、ということを提案してます。

南條　東京だったら、お台場や、千葉方向のエリアでしょうか。

市川　竹芝、日の出、それから芝浦あたりですね。倉庫街を使ったりして、うまくやればだいぶ違います。あと晴海、お台場もありますが、これらを使えば何かできるわけですよ。

　ただし、私がこういうことを提案すると、何が起きるかわかりますか？

南條　規制ですか？

市川　はい、「漁業権がある」「このエリアは臨港地区といって、土地開発は簡単にできない」「なわばりがある」とか、これでもかというくらい、いろんなことが出てくる。全部それらをクリアすればいいのに、役人はまず「できない」「難しい」と言うんですね。

　これらは「資源」なんです。東京には、この一帯だけで大変な資源があるんです。資源を活かせていない国が日本、活かせていない都市が東京なんです。理由は簡単で、さまざまな利権、権限、権益が絡んでいて、できないんです。

南條　利権の方がわかりやすい。寺田倉庫が開発した品川のエリアはどう見てらっしゃいますか？

市川　いいんですけど、もっとトータルであってほしいですね。いい例ではあるんです。ただ、運営が倉庫会社なので、東京都の中で関わる部署が港湾局なんです。役所のなわばりが違う。

南條　寺田倉庫の方が言っていましたよ。もともと、荷揚げの組合が強くてなかなかできなかった。利権があって、水際のところはいろんなことができないそうですね。

市川　さらに今度は、漁業権を持ってきたりしてね。でもそれを解決しないと、東京の未来がないわけです。

週末の深夜には地下鉄を走らせる

市川　ロンドンでは、週末は地下鉄を深夜も走らせるんです。東京でもできないかと聞いてみると、「夜は車両整備がある」とか言う。

南條　森美術館で六本木アートナイトを始めたときに、森稔さんが東京都に電話したんですよ。「アートナイトの開催中は、翌朝までバスと地下鉄を動かせないか」と。でも、やってくれなかったんですよね。

市川　東京の仕組みというのは、東京都知事が大統領なんです。上から落とすしかないんですよ。簡単ではないですが……。役人には、うまくいかないと、失敗になっちゃうからやらないという体質がありますからね。できるだけ、やらない方向にものを考えるんですよね。

　上から落とすしかないんです。上がやると言えばやりますからね。

南條　ナイトタイムエコノミーというのは、街や港で、夜にエンターテインメントをやるという話だと思うんです。他にどんなことが必要でしょうか？

市川　お店が開いてることも、もちろん大切なんですよ。これについては、すでに風営法が改正されていて、２０１６年6月、深夜0時以降の飲食を伴うエンターテインメントの営業が法的に可能となっています。法律の改正はできているんですが、「ナイトタイムエコノミー」が広がらない理由がある。

南條　みんな早く帰っちゃう。健康的なんですよね。

市川　夜の交通機関がない、という理由は大きいですね。やはり東京メトロが重要で、金曜日や土曜日の深夜は動かすという判断がほしい。

南條　よく演劇関係の人たちが言っていますよね。演劇というのは、だいたい夜7時ぐらいから始まって2時間半ぐらいやる。終わってから観客が食事をしようとすると、飲み屋しかやってない。ちゃんと着飾って行っているのに、ふさわしい食事の場所がないんですね。コンサートの後もそうです。

市川　何かおかしいんですよ。ＧＰＣＩにもナイトライフという指標がありますが、東京は世界27位ですよ。非常に低い。ロンドンは世界1位です。

南條　ロンドンは劇場もすごいでしょう。映画館もある。

市川　そうですよ。東京は、ナイトライフを何かちょっと勘違いしていて、歌舞伎町の夜を思い浮かべるんです。あれがナイトライフだと思っているんです。違うんです。エンターテインメントをわかっていない。

　そういう必要性を個人個人は感じているけれど、東京のパワーアップを図る目的で、都市のパッケージとしてのナイトタイムエコノミーをどうするかという議論をしていないんです。でもバラバラなわりに、一般社団法人ナイトタイムエコノミー推進協議会というのがあって、活動されています。やってるけど、ちょっと違うという感じですね。

南條　ロンドン、シンガポール、上海など、外国でそういう体験をしてきた人がいないとだめなんじゃないですか。

市川　例えば、夜のロンドンをバスで回るというツアーもあるんです。施設をライトアップしているので、ぐるぐる回るだけで観光客は楽しめるんです。そういう場所すら東京にはないんです。

南條　やっぱり日本人に、夜を楽しむという発想がないんでしょうか。夜になったら寝て……。文化の違いというか。鶏と卵ですよね。場所がないから、文化も根付かないというか。

市川　文化は違っていいんだけど、東京はやはり、すでに世界の動きに入り込んでいるんですよ。ですから、世界の常識というものがあるので、常識に則ったことをやらないとパワーアップできないですよね。

モデルなき現代、東京が目指す都市像は？

南條　東京はどこを目標というか、世界の都市でどこをモデルにすればいいでしょうか。ロンドンなのか、ニューヨークなのか、独自の都市か。

市川　どこを目標にしてるんでしょうね。都市計画には歴史があって、東京はロンドン、ニューヨーク、パリを一応学んできてるんですよ。例えば田園都市、郊外の都市を作るというのは、イギリスの真似です。それから、マンハッタンがあるから、都心の動きはかなりアメリカの真似をしたんです。

ただ、ちょうど20世紀の終わりぐらいに、東京が世界最大都市になっちゃったんですね。それまでは都市をコントロールする仕組みについて、アメリカとかイギリスの真似をしていればよかったのが、真似する国がなくなってしまった。ニューヨークは当時2200万人しかいませんでしたが、東京は3600万人。巨大都市化したので、もはや学ぶものがなくなってしまったんですね。

南條　思うんだけど、1980年代末にバブルがはじけてだめになった。その前に、日本企業が、ニューヨークのロックフェラーセンターを買っているわけですよね。一度世界の頂点に立った後、バブルがはじけて、追いかけるべきモデルが見つからなくなった時代だった。それはあらゆる面においてそうですね。日本というのは、もともとこうなろうというモデルを提案することはうまくないわけですね。中国を追いかけていた時代から、ずっとモデルがなかったと思うね。

市川　目標を失っちゃったんだよね。世界のトップクラスになったときに、日本は目標を失った。

南條　自分で作らなきゃいけないいんだけど、作れないんですよ。

市川　もっといけないのは、這い上がろうとするばかりで防備がなかったわけですよ。アメリカという巨大国を抜いた瞬間にアメリカは怒ったわけです。さまざまな面から、日本いじめを始めたわけです。それに対して何の武器も持っていなかった。相手を抜くということは叩かれるわけです。そういうことを知らなかったんですね。日本は戦いがうまくない。

南條　ナイーブだからね。戦略がない。

市川　歴史もありますよね。島国で、戦後アメリカに占領されるまで、植民地にされたことは一度もないじゃないですか。防御の方法を知らないんですね。

南條　僕はやっぱり、日本人の気質が農民なんだと思う。コツコツ働いて田植えをすれば、必ず秋には米ができるはず、みんな楽しく一緒に暮らせるはず、「みんなでがんばろう」というシステム。その精神が組み込まれている。でも、遊牧民はそうじゃない、1人の有能な人間が、獲物をとってくればいいんですよね。

市川　昔のモンゴルなんかは、がんばって作物を成長させたときに、誰かに襲われて全部さらっていかれるわけですよ。それを知っているから、みんな「どう防ぐか」ということは常に頭にある。そういう意味では、日本は幸せな国だとは思うんですが、ただ、これで世界の一角に入っていくと、幸せじゃすまないんですよね。

　私は、バグダッドに1年住んでいました。バグダッドの歴史を見ると、１０００年間戦ってるんですよ。ほぼ戦いの歴史ですから、「やらなきゃやられる」という社会の人たちの考えは日本とは全然違っています。バグダッドの人たちと似ているのが中国人。彼らも、「やらなきゃやられる」と考えますよね。日本はたしかに、歴史的に見てもそうではなかったんですよね。元寇のときは、台風が来たおかげで助かったんですが、「神風」だとなる（笑）。全部何か偶然だったのですが、戦うことは守ることだという発想がなかったというのが、私の印象です。

　ですから「プラザ合意」も、日本はやられっぱなしで全部叩かれたわけです。ぬくぬく育っていたら、いきなりやられちゃった。あのあたりから日本はおかしくなって、結局バブル経済崩壊に向かっていくわけです。そして、その後の目標をどうするかということが、全然定まっていない。１つ言えるのは、人間というのは危機感がなければ次を考えないということです。危機感があるから次を考えるのが人間なので、今の日本に危機感があるかといったら、ないですよね。首相を見たらわかりますよね。総花的に対応するので、ちょっと我々が持っている危機感とは違う。そういう中でどうするのかというのは悩ましい。

東京の危機感を日本全体で共有できない

南條　この前ある人と、やっぱり日本は本当にまだ困ってないんだよ、という話をしました。だから変革も起こらないし、抜本的な改革もまったくない。もうちょっと困らないと何も変わらない、とその人は言っていました。

市川　危機感がないんですよね。
　ただ、東京は現実に生き残るために、世界にライバルがいっぱいいて、戦わなきゃいけないということを知っています。東京の人は知ってるんだけど、それが日本全体の合意になってないですよね。

南條　一極集中と批判され、地方から足を引っ張られる。本当なら、日本代表として「東京ガンバレ」となるべきではないんですか。

市川　私はもうそういう甘い気持ちは抱いていません。人間というのは、どこかが栄えてると、うらやむんです、妬むんです。それはもう東京の宿命なので、妬まれてもいいと思ってやるしかないんですよ。妬まれることを恐れることはない。

　２０１９年から毎年、地方交付税や補助金以外に、東京から日本全国に９０００億円以上がいってるんです。私は、国に対抗しようとして作った都の委員会の委員だったんです。だけどまったくパワーがないんですよ。はじめは毎年1兆円取られることになったんですが、都議会の反対があって「１０００億円減らしましょう」ということで、９０００億円になったんです。つまり、東京は地方交付税など以外に、さらに９０００億円を国に払ってるんですよ。このことは、東京の人もよく知らないんですよ。お金を取られてるのに、取られたと思っていない。

　これは当たり前で、日本で金を取ろうと思ったら、東京しかないんですよ。これからも取られるでしょう。だからもう、取られることを騒ぐんじゃなくて、東京は「取ったっていいよ」と言って稼げばいい。ただし、「稼ぐ邪魔をするな」と言えばいい。そこだけですよ。

具体的な話をしますと、先ほど、東京で投資環境を良くしようとしている話をしましたね。「国際金融都市・東京」という委員会を作っていて、私はその委員なんです。国際金融センターを作ろうと、一生懸命やってるんですが、国が「東京だけじゃなく、大阪、福岡にも」というわけです。国会議員がいますからね。大阪には日本維新の会、福岡には麻生さんがいて、みんなの顔を立てて、「大阪、福岡も金融センターにしよう」と。できるわけがないです。

金融センターというのは相当なレベルですから、東京しかあり得ない。それなのに、東京の国際金融センターを育成しようというさまざまな仕組みと一緒に、大阪も福岡もやり始めるんですよ。

南條 いくつも作ったら、センターじゃなくなっちゃいますよね（笑）。

市川 そうなんです。本当に東京を強くする、日本のために強くして、結果的に日本全体が儲けようとは思っていない。もらうものはもらうんだけど、東京だけ何かしようとすると邪魔（じゃま）をする。こういう構造が、ずっと歴史を作っているんです。

世界を見ると、ニューヨーク、ロンドン、香港に国際金融センターがあります。今香港がパワーダウンしてきているので、アジアが大騒ぎになっている。そこで、東京とシンガポールと上海が動いている。

南條 日本はやっぱりルールを相当変えないと、とてもだめですよね。香港は結局、ビジネスは外に出ていかない。やっぱりビジネスはやりやすいと、聞きます。

市川 みんな「東京はやりにくいから変えようよ」と言ってるんだけど、何も変わらないじゃないですか。変えようと思うと、各省庁が全部権益を握っている。全部整理しなきゃだめなんです。それは、スーパーパワーがないとできないですよね。

南條 以前、特区構想があったじゃないですか。特区という考え方は、風穴を開けて、「ここだけは特別に」と言ってゆるめていく、ルールの適用を除外していくという、そのためにはいい論理だったんじゃないですか。

市川 ええ、だから、私は小池知事に言っています。「国際金融センターをやるには特区しかない」と。小池さんは、返事をしないですね。特区にするためには、内閣府の承認がいるので、これは国の同意がないとできないんです。

東京都知事は、国に対して強権がないとだめなんです。石原さんは自民党の後押しがあったから、若干効果がありましたが、けっこう悲観的で、東京を劇的に変えなきゃいけないと思ってますけどね。

東京の強み、「感性価値」という視点

南條 もう少し前向きな話を聞きましょう（笑）。

東京がこれから成功して伸びていくためには、東京はどんな街だ、と言えるようになればいいのでしょうか。

例えば、ロンドンは演劇あり、美術館ありですよね。そういう意味で。とても文化的であると同時に金融のセンターです。いくつかのファクターで言うとすれば、ロンドンは「金融と文化」の街というふうに言えるかもしれません。同じように、これから東京はどういう街だと言えるようにして

いくのがいいんでしょう？

市川　そこが最大のテーマですね。例えば、仕事はしにくい、仕組みがおかしいと言っても、東京に来た人は世界で見てもかなり多いんですよね。ＧＰＣＩの調査でも、世界で「働きたい都市」のトップはニューヨーク、次が東京なんです。中でもアジア諸国の人たちが働きたい街は、やはり東京で、働きたい、来たいと思っているんです。

　仮に政府の規制緩和が遅くても、何とか来たいと思っている人はたくさんいるんです。それほど東京が好かれているのはなぜか。いろんな理由があるんですが、世界の人が東京をなぜ好きかということを、我々は知っておかないといけないですね。そこから、どんな街になるのがいいかを考えてみるんです。

　ということで、ＧＰＣＩは都市の総合力のランキングです。あまり言ってないんですが、それとは別に都市の「感性価値」という指標があるんです。この指標、実は面白くて大好きなんです。東京の良さを、我々は知っておかなければならないということでやっています。

南條　ある時期から、市川さんが「感性価値」と言い出したんですよね。僕は、「それは文化じゃないんじゃないですか」と言ったんです。

市川　おおもとは英語で、「Urban Intangible Values」。我々は「触れない価値」と言っています。東京の価値をどう見るかということなんですが、人々がどういうふうに都市を感じて、都市を評価するかと考えるんです。都市の価値を、「効率」「正確・迅速」「安全・安心」「多様」「ホスピタリティ」「新陳代謝」という、６つの点から見るというものです。

南條　とすれば、東京は強いですよね。

市川　東京がトップです。トップなんですが、重要なのは2位。いつも東京が競っているロンドン、ニューヨークかと思いきや、違うんです。効率もいいし、居心地もいいし、ホスピタリティもあるという都市。どこだと思いますか？

南條　北欧じゃないですか？

市川　近いですが、北欧ではなく、ウィーンなんです。つまり東京は、３６００万人を超す都市圏を持ち、都内だけで１４００万人いる巨大都市でありながら、テイストがウィーンに近いということなんです。ウィーンは人口が１９０万人くらい。東京は巨大都市でありながら、そのウィーンに似てるんです。

南條　見たところ全然似てないけど（笑）。この6つの要素はどうやって決めたんですか。東京が強い項目を作った？

市川　私が決めました。当然東京が強い項目を想定しました。

　ただこれは、かなり大きなテーマだと思っています。「なぜ人々は東京が好きなのか」という要因が、ここにあるはずなんですよ。大勢の人が来たいと思い、実際にやってくる。経済力じゃなく、何かがいいはずだということから始めたわけですよ。

　調べた結果、1位東京、2位ウィーンで競いあったんです。3位がシンガポール、4位がトロント。ニューヨークがやっと5位に入ってきます。6位はコペンハーゲン、あとベルリンなどが入ります。

　何となくわかったことは、ニューヨークは若干違いますが、そこにいると安心感というのか、独特の居心地の良さを持っている都市ばかりなんです。

　これは今後も有効で、東京の政策を作る

人は知らなきゃいけないと思います。東京の良さはどこにあるかといえば、巨大都市でありながら、整然として動いてるところ。世界で見ても例がないんです。私は、なぜこんなに東京は整然と動いてるのか、ということを考えていく必要があると話していますし、いろんなものにも書いています。

答えは、行政だけではなく、人間だと思っています。東京に入った瞬間に人々は東京の掟に従う、何か目に見えないものがある。大阪では列に並んでいると、おばちゃんが割り込んできますが、東京ではないんです。してはいけない雰囲気がある。

南條　そう（笑）？

巨大都市を整然と動かす、見えない「掟」

市川　もう少し付け加えると、大学にはたくさんの留学生が来ます。中国人もたくさん来るんですが、やっぱり声が大きいんですよ。ところが1年経つと、エレベーターの中で彼らもそっと喋るようになるんです。中国人も変わる。これは、東京という巨大な掟があって、来た人はそれに従うことになる。東京はそれをさせる都市だということです。

南條　それはいいことなのかな。

市川　いいかどうかは別として、東京という、巨大な目に見えないビッグパワーが、人々の行動をある種整然とさせるのだと思います。それは個人個人がやっていることも影響するんですが、例えば、東京と大阪とではまた違うんじゃないでしょうか。

東京の「売り」はそこにあると思っています。巨大都市であり、さまざまな利便性も経済力もあるけれど、実はそういうきめ細かなところで人が安心して生活できる。欧米の人で、馬鹿にして「東京に来たくない」なんて言っている人がいたんですが、一旦来るとびっくりする。「東京ってすごい」と言う。何がすごいかというと、まず皇居に連れていくと、その美しさに驚きます。街に行くと、とても清潔で、ごはんは美味しいし、ホスピタリティもある。たいていびっくりしますよ。アジアを馬鹿にしている欧米人は、やはり一定数います。けれど、そういう人でも、東京に来てみると、「何これ、アジアなのに欧米的なセンスで動いている」と感じるようです。

これは東京の利点ですし、東京は力を持っているので、そういう良さをいかにして維持できるか、あるいは人々がそれを知ってどう動くか、そこにかかっていると思うんです。

これが、私の東京への個人的な思いです。

問題は、これを維持していけるかどうか、ですね。

南條　そうだね。移民を増やしていくと、崩れていく可能性大かな。

市川　いえ、移民が増えたとしても、「掟」があれば大丈夫です。東京の「掟」にはそういう力があると思います。そして、何か問題が起きて、必要なら何か規則を作ればいい。今、世界都市の共通テーマとして「モザイク現象」というものがあります。巨大都市のどこかに、必ず異民族、エスニシティの違う人たちが住んでいる。モザイク化、異民族化、そこで治安が悪化するというパターンがあるんです。ロンドンやパリもある地域に行くと急に危なくなったりします。

東京ではモザイク現象は起きていませ

ん。例えば、葛西に行くとインド人が集合して住んでいたり、豊島区に中国人が多かったりしますが、まだモザイク化はしていない。東京の課題は、世界都市である以上、どうやってそれを防ぐか、なんですよね。この後どうするか。

モザイク化されるのか、されないのかは、まず1つの目安です。モザイク化されるなら、その中で東京の掟をコミュニティにどう守ってもらうか。これは、実は行政の課題だと思っています。

南條　違う人種の数が増えると、モザイク現象が起こる可能性はあると思いますね。課題は、そのうえでどう「掟」を浸透させるのか、ということでしょう。市川さんの言うように、東京のパワーが勝ると信じたい。

行政と民間のプラットフォームを作る

南條　テクノロジーを活かしたベイエリアの開発、ナイトタイムエコノミー、「感性価値」のレベルの維持ということも大事ですよね。東京の進むべき方向が見えてきたように思います。

市川　一切アートが入っていないんですが。

南條　そうですね（笑）。では、最後だから言いますが、文化も相当活性化させないと、競争力はなくなっていくと思うんですよ。今は、一応文化的な街だと思われているけれど、美術館も、ロンドン、ニューヨーク、パリと比べたらまだ全然少ない。ロンドン、ニューヨーク、パリなどは、もっとセグメント化されているんです。デザインミュージアム、ファッションミュージアム、建築とか、ジャンルごとにたくさんあるんですね。日本、東京にはほとんどないですよね。

市川　ニューヨーク、パリをはじめ、どんどん美術館などが変わっていきますよね。誰がやってるんですか？

南條　行政とNon Profit Organizationですよね。その業界にいた人たちが結集して美術館を作って、NPOとして運営してるんです。みんな、そこにお金をあげるんです。

市川　なぜ日本はそのスタイルでやらないの？

南條　日本は寄付文化が違うから、やってもお金が集まらないんです。行政が、全部抱えてやらないといけないんですが、行政が美術館を作ると、作った後で予算をどんどん減らしていくんですよ。だから発展しない。

韓国は逆です。韓国も行政がやってるけど、国立現代美術館が4館ある。加えて、ソウル市立の美術館も4館あるんです。さらに美術館をどんどん増やしているわけです。日本は、何でも経費を削っていけばいいと思ってる。もちろん削るべきところがあるのもわかりますが、「これは育てよう」と、経費を増やしていくものもあっていいわけですよね。そういうメリハリがないんです。

市川　南條さんはNPOを作らないんですか？　私は一般社団法人大都市政策研究機構の理事長をしているんです。大手デベロッパー全部入っていて、ゼネコンや鉄道、約25社。それをベースに動いてるんです。

今の美術館の話は、おそらく南條さんがやればいいんじゃないかと思うんですよ。

民間企業というのは、当然ながら収益が出ればやるんです。「これをやれば収益が出ます」という言い方で、入ってもらう。背景としては、このままでは日本が危ないことを考えなければならない。じゃあどうするかというと、行政と民間が一緒になるプラットフォームを作るんです。個人個人の意見があっても、バラバラでは効果が出ません。プラットフォームが絶対に必要なのです。

南條　韓国なんかは、行政と民間が一緒になってどんどんやってる。

市川　日本では誰がやるか？　だから南條さんがやるしかないんです。

南條　やってもいいけど、サスティナブルじゃなきゃいけないし、ビジネスとして成功しないと生き残れないでしょう。そういう部分も含めて、新しいタイプの美術館を作る必要はあるだろうと思うんですよ。

市川　新しい美術館を作るなら、プラットフォームを作ればいいんです。そこに行政と民間も入れておく。けっこう日本は簡単にできるんですよ。作ったうえで、どうするかという議論をすれば、関係者は動きやすくなるんです。

　さっきおっしゃった、例えばロンドンもニューヨークもパリも、どんどん新しいものに対して動き始めている。「このままじゃ大変じゃないか、関係者集まれ」と始めればいいんです。集まった中で、企業はいかに儲けるかを考えますから、「これをやれば儲かりますよ」と言うんです。美術館を作るとなるとお金がかかるから、先に美術館を作るか作らないかを決めればいい。

　美術館に限らず、まず問題意識を共有する人を集めて、次にどうしようかというとき、民間がたくさん集まって、行政も入っているとけっこう動くんですよ。単独ではだめですね。

　まずプラットフォームを作ることが先なんです。「このままでは東京は危ない、何かやらなきゃいけない」という問題意識を共有するんです。

人が集まれば行政は動く

南條　市川さんは、すごい危機感を持たれてるんですね。

市川　危機感はすごいですよ。だって、世界は動いているのに、東京はことごとく動いてないですからね。このままじゃ危ない。国際金融センターも、シンガポールでは、すでにいろんなミッションをロンドンに送ったり、けっこう動いてるんです。香港から奪おうとして。東京は動きがにぶいですからね。

南條　東京には、そういう戦略がないですね。今、香港でやっているアートフェアを東京に持ってこようという話があるんですが、もうやり方が子どもみたいで全然だめだね。戦略がない。

市川　南條さんならできますよ。このまま放っておくのはもったいない。プラットフォームを作るんです。東京のために何をやるかということを考えれば、人々は誰も「ＮＯ」と言わないですよ。

　２０２１年5月に、ＪＴＢなどの民間企業とソフト、ハード全部集めて、東京都の各局や小池知事を呼んで「国際交流創造都市」の実現の動きを始めたんです。コロナ禍で中断してますが、また開催します。

　みんな実は問題意識はあるので、さっさと集まります。民間企業も、事業として可能性があれば入ってきます。そうして、人が集まれば、行政もお金を出しやすくなるんです。

南條　人が集まれば行政はやりやすいです

よね。

市川　そのとき、「東京を強くする」というキーワードが必要です。これがないと東京都も乗ってきませんからね。これが入れれば誰も文句は言わないです。ぜひ、「アートで東京を強くする」と、やってもらいたいです。大義名分が立つじゃないですか。どうですか。

南條　いろんな人の顔が浮かぶけどね。敵も味方も。

市川　プラットフォームを作れば敵も味方もありませんよ。小池知事はやろうとすれば、理解してくれる方ですよ。やっぱり行政が入ると、民間は動きますよね。

南條　やってみよう。作りましょう。

市川　作りましょう。

危ない、危ないと言っていたら、あっという間です。2035年まで、あと11年ですよね。今やらないとだめなんですよ。

〈2023年6月インタビュー実施〉

2035年の東京を考える　南條氏インタビュー③

伊藤穰一 氏

東京が目指すべきは「多様性の都市」教育のダイバーシティが国民のダイバーシティにつながる

「もっともっと多様性のある、文化的にとても深い都市になっていてほしい」と、東京への熱い思いを口にする伊藤穰一氏。保守的だからこそ伝統も残るけれど、外から入ってくるものを拒絶する面も持つ日本――。しかし、進化するテクノロジーは容赦なく日本社会を変えています。
「日本にはパラダイムシフトが必要」と言う伊藤氏。『人と違うことに価値がある』社会にしなければならない」と南條氏。AIと社会、資本主義経済、教育、リスキリング、アートとデジタル――。お二人の対談は多岐にわたり、そしてそこには多くの「希望」が見えました。

東京からパラダイムシフトが起こる

南條　2035年をターゲットにしたとき、伊藤さんは、東京でどういうことが実現しているといいと思いますか？

伊藤　東京が、もっともっと多様性のある、文化的にとても深い都市になっていてほしい。それが、日本にとっても、世界にとっても一番重要だと考えています。そちらに向かっているとは思うんですよね。日本にとって、文化が一番重要なアセットだという気持ちは、日本の人も、海外の人も感じているような気がします。

南條　感じてるけど、政治の判断はまったくそうなってないですよね？

伊藤　そうですよね。2035年、どんな政治になっているかというのは、国のレベルではとても重要です。
　アメリカを見ていると、海沿いの「コースト文化」と、「内陸の文化」というのがあまりにも違って、まるで別の国になってしまっている。アメリカはもはや2つに分かれてしまう、と思ってる人もいるくらいなんです。良し悪しは別にしても、アメリカと同じように、東京が日本からどんどん浮いていってしまう可能性は、僕はなくはないと思う。つまり、東京と日本の他のところが、あまりにもかけ離れてしまう。今回のコロナ禍の後でも、東京はどんどん人口が増えて「ハブ」になってきていますよね。

南條　だから、海外に向けて東京だけオープン、他はクローズにして、クローズの地域に入るときには5万円ぐらい取る。特に京都がそれをやるべきじゃないか、って話をしてるんです。
　もう1つ、日本って実はまだそんなに困ってないいんじゃないか、と言う人もいます。もっと困ったら、さすがにいろんなことを変えざるを得なくなるだろうと。

伊藤　10年前、僕らもそう言ってたんですけどね。いや、だから困らないまま死んじゃう可能性がある（笑）。

南條　鎖国する。鎖国して、もう1回やりなおす。でも、そういうわけにはいかないから、東京は開けた多様性の都市になってほしい。

伊藤　なってほしい。いや、多様性の都市にならなければならないですよね。そうでないと、東京は暗い方向に向かってしまう。

南條　多様性と文化というところは、僕もまったく同感です。加えて、東京という都市のアピールポイントは何だと思いますか？

伊藤　先日、日本に住んでいる外国人が書いた記事を読んだら、批判的な内容だったんだけどけっこう面白かったんです。海外から人がたくさん来て、日本がデスティネーションとしてすごい、日本、特に東京は評価が高くなっている。ミシュランスターが多い、ミステリアスだし、清潔だし、礼儀正しいし、いろんな良い要素がある……。そう言いつつ、記事では「住もうとすると最悪だ」と書いてあるんです。「いろんなルールが面倒くさい、大きいアパートもない、全然ウェルカムじゃない、こんなに外国人に対してアンフレンドリーな街はない」と書いてありました。

　それはすごく、日本の不思議さ、建前と本音というか、そういったものを表していると思いました。外に見えているイメージ、観光客に見えているイメージと、住んだときのイメージというのが全然違う。京都はもっとそうでしょうね。「旅」と「住む」のでは全然違うということもあるんだけど、日本というのは、他の国よりもその傾向が強い。

　結局日本というのは、「変わりたくない」という思いが強いんだと考えている。国民が保守的で、革新や拡大がなくても、今の仕事に生きがいを感じる人たちが一生懸命働いている。だからたくさんの伝統が受け継がれているということもある。

　決まったルールの中で一生懸命やっているのは、日本の魅力でもあるけれど、外モノを排除することでもあるんです。

　けれど、日本は今明らかに分岐点に来ていますよね。高齢化が進んでいるし、いろんな理由から、マクロで言うとこのままじゃもうやっていけないし、外の影響が入ってこなければ無理なんです。歴史を振り返ると、明治維新、戦後の日本では、やはり外国からインフルエンスが入ってきている。今、それが重要なんです。

　ただ、ヨーロッパが外国人、移民に対して反対なのは3％くらい。アメリカの保守的なエリアでも十数％。ところが、日本は半分くらいが反対です（２０１８年10月読売新聞社調査、『外国人が定住を前提に日本に移り住む「移民」の受け入れについては、全体で「賛成」43％と「反対」44％』）。

　こんなに移民に反対という国って、先進国の中でも多分あまりないですよね。

　本来日本というのは、仏教が入ってきた時代、南蛮貿易の時代、明治維新と、外国から文化などが入ってくる時代があったんです。今もそういう時代であって、変革が起きなきゃいけないと思うんですが、リーダーがいない。普通だったら、利休みたいな人が出てきて「こうやろうよ」と引っ張ってくれるんでしょうが、今はリーダーがまったく出てこないんです。

伊藤穰一

株式会社デジタルガレージ 共同創業者 取締役／学校法人千葉工業大学学長／Neurodiversity School in Tokyo 共同創立者

デジタルアーキテクト、ベンチャーキャピタリスト、起業家、作家、学者。教育、民主主義とガバナンス、学問と科学のシステムの再設計などさまざまな課題解決に向けて活動中。米マサチューセッツ工科大学（MIT）メディアラボ所長、ソニー、ニューヨークタイムズ取締役などを歴任。デジタル庁デジタル社会構想会議構成員。2023年7月より千葉工業大学学長。主な近著に、『AI DRIVEN AIで進化する人類の働き方』（SBクリエイティブ）、『〈増補版〉教養としてのテクノロジー AI、仮想通貨、ブロックチェーン』（講談社文庫）がある。（撮影／森清）

国が破綻してしまう、あるいは戦争に負けるというわけではなく、じりじりとだめになっているからショックみたいなものもないんでしょうね。ちょっと僕もわからない。その文脈の中で、東京の位置づけというのは、外国人もたくさん来て、一番影響力があって文化もギュッとかたまっているところ。パラダイムシフト、文化のシフトが東京から起こるような気がしています。

もう1つ、この街の若者の文化。この間読んだんですが、今の若者というのは、過半数の人たちが土地を持ちたくないそうなんですね。僕らの世代のほとんどは、土地がほしかったけれど、そうじゃないんです。何か、モノに執着しない、環境問題を意識している、インクルージョンを意識しているという意識改革が、若い人たちに起きていると思います。それがギュッと東京に集約して文化になると、日本の変革が起き、そこから世界の変革が起きるという可能性もゼロではないと思うんです。少なくとも変革は、年寄りのリーダーシップではなく、若い人たちの文化的な変化から来るんじゃないかなという気がしています。

南條　日本人は、どちらかというと農耕民族です。農耕民族が土地を大事にするんですよね。狩猟採集で生きてる人間は、どんどん土地を移動してるわけじゃないですか。その遊牧民的なカルチャーの方が、ダメージが小さい、資本主義的ではないわけだ。リーダーがいて獲物をとればみんな食っていける、そのリーダーのことはみんな大事にするという文化ですよね。

日本はみんなで田植えして、秋になれば稲が実るはずだから、リーダーはいらない代わりにみんなが横並びという文化。

何となく、今の時代というのは遊牧民カルチャーにシフトしつつある、と感じます。もうアート業界は明らかにそうで、ハンティングの世界です。

2022年、ICFで最後に呼んだプレセッションスピーカーが、エマニュエル・トッドだったんです。彼は歴史人口学者ですから、「日本の最大の問題は人口問題である、それを解決するためには移民に国を開かなきゃだめだ。しかし日本の政治はまったくそれを考えてない」という批判を残していった。それは当たってるんじゃないかな。

伊藤　マクロで見ると絶対そうなんです。でも何かが変わるということは、みんなの気持ちが変わらないとできませんから。

ロングタームと社会全体の最適化をゴールに

伊藤　2035年、テクノロジーの面で言えば、多分ブロックチェーンやＡＩは普通になってきていると思うんです。うまくいけば、日本では、ホワイトカラー、サラリーマン的な仕事というのはだいぶ減っているかと思う。そうすると、もちろん製造業などもゼロではないんだけど、文化産業シフトが本気で起きている可能性がある。そうすると、東京はどういう体験をする、どんな都市になっているのか。政治はもちろん関係してくると思いますね。

南條　その点をうかがいたいんです。これまで、ＩＣＦでいろんなテクノロジーを紹介してきました。バイオ、ブロックチェーン、ｗｅｂ３、それからＮＦＴが出てきて、今ＡＩに行き着いてるかなという気がしています。

　ただ僕は、前半の肯定的なムードに対して、後半は少し違った感じを持ってるんです。こうしたテクノロジーと社会の関係の変化みたいなものを、伊藤さんはどう捉えてます?

伊藤　なるほど。それを考えるには、いくつかの軸があると思います。

　テクノロジー、例えばＡＩは50年前ぐらい、インターネットの延長に暗号を使った決済などという技術は30年前ぐらいからスタートしています。その期間に、接続数や技術的な力は、じりじりと、淡々と伸びている。

　ただ、そういう技術というのは、ファッションとして波のようにザブンと来て、そのたび何か突然出てきたように報道される。みんなで舞い上がって、だんだん「やっぱりだめじゃん」という感じで沈んでいく。けれど、別にその技術がなくなるわけではなく、その後も研究は続けられます。つまり、メディアと投資と社会にはうねりがあるけど、実は、技術はすごく滑らかな感じで進んでいるんです。

南條　技術それ自体は、すごくリニアに発展している?

伊藤　リニアというか、多分Sカーブになると思うんだけど、でもボコボコしてはいない。例えば僕も、ＶＲは90年代前半から研究しているし、ＡＩも80年代からずっといじったりしています。特にインターネットについては、90年代はやはり楽観的でしたよね。「みんなつながれば平和になる」みたいなところがあった。ところが最近になって、インターネットによる「陰」の部分、特に最近のトランプ関連や、サイバーセキュリティ問題など、この十数年間、ネガティブなものがどんどん出てくるようになった。

　ＡＩもそうですよね。どんな技術も、最初は本当に「光」しか見えないんだけれど、だんだん「陰」の話が増えてくる。多分、ＩＣＦではその両方を取り上げていて、後半はどうしても「陰」の話が多くなっていたと思う。それはもちろん重要な流れですが、ただ社会のうねりに振り回されているところがあるのではないかと思うんです。

南條　なるほどね。ただ、大きな見方として、いろんな問題が世の中にある。特に環境問題とかね。とても大雑把にですが、そういう問題を解決するのは結局テクノロジーなんじゃないかという考え方もありますよね。

伊藤　それは違うと思うんです。テクノロジーは、人間がやることに馬力をつける、ジェットパックみたいな存在だと思う。例えば今、人間社会は短期資本主義経済で、短期のお金の最適化で周りを圧倒するというのがゴールになってますよね。そのゴールが、ロングタームと環境保護に変わらないと、いくらテクノロジーがあっても絶対解決しないと思う。

　テクノロジーは人間のゴールに馬力をつけるので、ゴールが環境保護じゃないとだめなんです。とにかくたくさん、物、権力、お金を蓄積してみんなに勝つというのがメインのゴールでは、どういうテクノロジーがあったとしても環境問題は解決しません。多分、人間のゴールを何にするかを決めて、そのゴールにインサービスでテクノロジーが入ってくる、ということだと思うんです。

　ただ、1つ言いたいのは、やっぱりテクノロジーによって社会の構造は変わると思うんです。7000年前、会計などの技法ができたことによって社会の構造は変わり、都市国家が生まれ、中央集権が生まれた。その後、複式簿記や数学などが登場し、資本主義経済ができて、さらに大きな国や、資本主義経済、企業というものができていった。今は新しいテクノロジーで、もっと大きな、この地球全体のガバナンスができるぐらいの技術はある。その後、このガバナンスが環境破壊を続ける側になるのか、環境保護に進むのかというのは人間次第だと思うんです。

　僕は、30年くらい前は、人間は基本的にいい方向にいくんじゃないかと思ってたけど、今は半々ぐらいになってしまった。

南條　なるほど。技術というものは、いろんなリソースを管理運営して全体をマネージする、マネジメント技術とも言えるね。ただ、今の話でいくと、ゴールが、短期間の経済的目的になっていることが危ないと……。

伊藤　いや、短期的経済によってお金を最適化する、というのがゴールになっている。普通の企業のゴールが、です。

南條　けれど、社会全体の大きなゴールが本当は別にあると？

伊藤　本来であればロングタームで、自分のための最適化じゃなくて、社会全体のためにやるべきなんだと思います。今、個人単位もそうだし、会社単位も、ほとんどの権力はそうなっていないですよね。

南條　つまり、現状は短期間の経済で、金、利益を追いかけて動いているシステムである。しかし一方で、本当は、例えば持続可能性、地球環境を守らなきゃいけないというゴールがある。この2つがあって、放っておいたら、なかなか持続可能なゴールに向かわない。だけど、ここにインセンティブを設計して、システムを新しくデザインすれば、この金儲けと長期のゴールが一致するってこともあり得ると思います。

伊藤　うーん、そこは、少し僕は違う考えです。今みんな何をしようとしているかというと、「短期的金儲け最適化マシーン」がいて、そいつらが環境保護に行くために、「短期的経済原理マシーン」のインセンティブを与えて、犬を引っ張るみたいにしている。けれど、それを設計している人たちもシステムの中にいるので、いくら炭素対策をしていても、結局は短期的にしか考えてないという血を持っている。いずれまた迂回して、自分の最適化に走ると思うんですね。

　だから、そもそも「短期のお金で計算する」というところから変えないとだめだと思う。誰が設計しているかというと、結局政治でしょう。その政治も、資本主義経済に、短期的に追われてやっているから、いくら設計しても、いずれは経済の現実に引っ張り込まれちゃう。だから、パラダイムシフトが必要だと思います。

　お金という、スピードがすごく速くて単純化された価値で動いちゃうと、どう設計しても、結局出てくるのは今の会社の動き方だと思うんですね。

「内圧的動機」をモチベーションに

南條　パラダイムシフトは可能だと思うんですか？
伊藤　どこに入っていくかによって全然違うと思うんです。このシステムの中で、ルールだけいじるということでは力が弱すぎる。そもそも文化のレイヤーとか、パラダイムのレイヤーでいじらなきゃいけなくて、それはアーキテクチャだったり、アートだったりする。さっき若い人が土地を持ちたがらない、と言いましたが、これはいい流れなんじゃないかと思うんです。若い人たちが、「お金なんかいらない」と思ったり、「稼ぐ会社って気持ち悪い」なんて考えたりするような文化になれば、この「資本主義経済短期的最適化」というのは元気がなくなってくるんです。でもいまだに、「いい学校、いい会社に入ってお金持ちになって、勝ちたい」という子どもが育っているのでは、どういうルールがあっても変わらないと思う。
南條　それはね、僕が考えていたこととすごく近くてね。結局、美学の問題じゃない？
伊藤　そう、美学を変えないとだめ、ルールを変えても。
南條　タバコを捨てるやつがいたときに、ただ「タバコを捨てるな」と言うんじゃなく、「タバコを捨てることはかっこわるいよ」って言う方が強いですよ。なんか、そういうことによる変化なんじゃないかなと思う。
伊藤　そう、美学なんです。対して、インセンティブというのは、小細工なんだよね。だからやっぱり、もうやりたくないっていうふうにしないとだめ。
南條　さっき伊藤さんは、人間の未来を半分信じるけど半分信じられないと言っていた。今後について、大雑把に言うとネガティブなんですか、ポジティブなんですか？
伊藤　ちょっとポジティブだけど、前ほどじゃない。けっこう大変だなという感じがありますね。
南條　以前、「未来と芸術展」という展覧会を企画して、開催したとき、未来は暗いなと思ったんですよ。こんなに人間のコントロールできていない技術がどんどん出てきていて、その中のいくつもが破滅的な結果を引き起こし得る。原子力もそうだったけども、ＡＩもバイオだってそういうものがあるだろうし、これをコントロールできるんだろうかという気がした。
伊藤　コントロールできていないから、滑って転んで、みんな死んじゃうという可能性もゼロではない。でも、むしろ技術は完全にコントロールできているけれど、人間の悪意で悪くなるというリスクの方が大きいと、僕は思ってます。
南條　根本的な思想、というか哲学の問題ですね。そこにはやはり教育が関わってくるでしょう。教育が今変わらなきゃいけない。どういうふうに変えられると思っていますか？
伊藤　産業革命と大量生産の時代だったときには、工場や、会社のサラリーマンとして、標準化された、きちっと命令に従う人間がたくさん必要でした。
南條　ある意味、兵隊ですよね。

伊藤　兵隊ですね。けれど、これから物理的な工場というのは、だんだんロボット化されていきます。そして、今、大企業の中にたくさんいるロボットみたいな人間は、これからAIでどんどんリストラされていくと思います。ただ、決めることや何か方向性を考える、マネジメントする、そういう部分に人間は必要です。ということは、みんなと同じようなことをする人間は必要なくなると思う。ゼロとは言いませんが、今までのようにたくさんは必要ないですよね。

それなのに、今の教育システムというのは相も変わらず、頭がいいこと、偏差値でフィルターをかけたり、言われた通りにきちっとできる人間を育てようとしていたりします。

もう1点言えば、今は「内在的動機」というのが、あまり求められていないんですよね。

職務中にきちっと仕事をこなすのは、ほとんどの人は「内在的動機」というより、「言われたからやる」というのがモチベーションでしょう。

日本の教育では、小学校1年生ぐらいまでは子どもたちが遊んで楽しむのはOKなんですが、だんだん遊びから、「つまらないけど、やらなきゃいけないことを嫌でもやる」という訓練になってくるんですよね。けれど、これからは「遊び」と、「自分が楽しいからやる」という面をどんどんどんどん育てていくことをメインにするべきだと思います。だから学校も楽しくなきゃいけない。

なぜか。これからの社会で、アートを作る、マネジメントする、スタートアップするには、「言われなくてもやる人たち」というのがけっこう必要なんです。つまり「内在的動機」で動く人たちです。

「端っこ」から生まれる大きな可能性

南條　かつての兵隊ではなく、「自分が楽しいからやるという人」を育てなきゃいけないのに、全然そういう教育じゃないですよね。

伊藤　そう。あとはAIによってサポートもできるので、例えば数学が苦手、書くのが下手でもいいんです。もっと言えば、現状は、日本語ができない、耳が聞こえない、目が見えないというような人たちは教育システムから排除され、標準化された人たちだけのために教育がある。けれど本当は、障害者も含めたみんながまず一緒になって、そこから生まれてくる何か変なものこそが大事なんだと思うんです。

難しいのは、「ギフテッド」と言いますが、学力の分布を描くカーブがあって、この端っこにいる子たちは、実は前なのか後ろなのかよくわからないことなんです。

MIT（マサチューセッツ工科大学）の学生には、自閉症がおそらく6、7割ぐらいいます。一方で、日本全体でノーベル賞学者は29人しかいないけれど、MIT出身だけで98人いる。日本はやっぱり、この「端っこ」を切ってしまってると思うんです。「端っこ」を切って、カーブの真ん中しか育てていない。そこで、天才もみんな切られちゃうし、障害者も切られる。日本も、この人たちを入れた、総合的に多様性が高い教育をしなきゃいけないと思うんです。

さらに、この真ん中の人たちもギュッと絞られて、本当はアートや何かやりたいことがあっても、得意でなくても、標準化された試験に通るためにプッシュされる。けれど、これからは、好きなものを伸ばす、でこぼこした社会が必要なんです。

南條　するとね、アートはアートで別にあるけれど、テクノロジーを考えて発展させるような人は、最低限このぐらいの技術、知識などがないと次のステップを想定することはできないという、その最低限の知識というのはありますか？　それを与えることが教育なんだという。

伊藤　多分いろんなレイヤーがあると思うんだけど、技術を理解して、技術の新しいツールの中でデザインするというのは今よりもっとやらなきゃいけない、日本はそこはすごく遅れています。

　ただ、今はプログラマーじゃなくても自然言語でプログラムが書けるし、今までみたいにプログラムしないとできないということはない。いろんな技術のツールにみんな触れて、そのうえで自分の使い方、設計の仕方を見つければいいんだと思います。

　もう1つは、技術のデザインも、今は技術者が作るためのデザインになってるんだけど、特別の知識がない人たちのツールをデザインすることができるようになっています。

　ただし、使う当事者がデザインした方がいいんですよね。どういうことかといえば、例えばカメラ。カメラというのは、カメラマン自身が技術をいじってきて、かなり進化してきたところがある。対して、その技術を使ってる人と、技術を作ってる人が分かれちゃうと、あまりデザインが良くならないんです。例えばテレビ放送、出版というのは、作ってる人と使ってる人が離れちゃった。

　ゲームがどんどん進化していってるのは、ゲームを作っている人とクリエイティブな人が重なっているからなんです。だから、技術とその生産のところを巻き込まなきゃいけない。日本の問題は、特に技術に関しては、物事を決める人たちがほとんど技術者じゃないことなんですよね。決めてから、技術屋さんにアウトソースする。だから技術屋さんは何となく工事現場の職人さんみたいで、アーキテクトたちは、技術がわからない人たちというのが今の設計なんです。でも、本来はやはり、作る人と技術を考える人が同じじゃないとだめなんです。

「教育」より学びたいことが学べるツールを

南條　最低限の常識は教育で与えなければ、と思ったんだけども、それは法律みたいなものですね。社会の中で生きていくにはお互いにこれだけは守りましょう、というのが法律だと考えるべきなんじゃないかと。

　ところが日本の場合にはそれを、自分に都合のいいように使ってる役人や、政治家がたくさんいるけどね。

伊藤　僕もさまざまな教育のビジネスに入ったので、これから気をつけて考えなきゃいけないんですが。「教育」は他の人が誰かに対してやることであって、「学び」は自分で自分にやることなんです。もちろん「教育」という仕切りでもいいのかもしれないけど、僕はどちらかというと、みんなが「学びたいことを学べるツール」を与えて、自分がやりたいことをもっと自由にやり、自分がやりたい方向に行く。学校はむしろ、そこに行ってプロジェクトを作ったり、コーチングをしてもらったり、自分が何かやりたいことをやるための「出会いの場」という感じです。今みたいにロボットのプログラムみたいな義務教育よりも、もっともっと何かオープンな形で考えてもいいんじゃないか、と思ってるんです。

南條　シュタイナー教育というのがありますよね。子どものときは数学などの教科はやらず、絵を描いたり音楽をやったりしてる。それで、子どもたちが興味を持ったときから教え始めるという、そういう感じかな。

伊藤　はい、人にもよると思うんですが、その方が伸びる子どもってけっこういると考えています。そういう子にはそういう教育を提供できたらいいなと。

南條　まあ、芸術系はほとんどそうですよね。

伊藤　数学の人もそうだと思います。本当の数学者、多くの数学者というのは、アートのように数学を学んで、数学のことを愛して、その表現が数学になっている。

　学校で教える「数学」というのは、どちらかというと数字の応用のようで、教え方がつまらないですよね。数学の本来の美しいところを教えず、むしろこういう課題があったときには、この数式使って、これを吐き出せ、みたいな。何かロボットみたいな数学の使い方ですよね。

南條　文字の数式で表現するじゃないですか。あれ、わかんないね。ああいう表現の仕方は、言語を教えないと使えないね。

伊藤　もちろんそうなんだけども、その言語を、詩を書く練習のために使うのと、自分に対する説明書を読むために使うのとでは、言語と自分の関係性がずいぶん違うと思うんですよね。

　数学がものすごく強い子を、その先生との関係性を含めて見てると、やっぱりコアにあるのは美しさを数字で表現することですね。何かに応用するというところが最初じゃないんです。

　天才的な子は別として、教えるときの文脈ってすごく大事だと思うんです。何でもそうですよね。例えばアートにしても、絵の具を道路工事の看板に使うことにしか教えなかったら、そこからアーティストになる子は、いないとは言わないけど、少ないと思う。

　さっきも言った内在的動機、その子の興味を引きずり出すための道具として教えて、その後で生産性の面に移ってもいいかもしれないけど、最初は興味を持たせるというところが重要だと思うんです。

　今、日本の義務教育の多くは、とにかくやれとか、やらないと処罰されるぞと、全然楽しい教え方をしていない。そうすると子どもは必要以上にはやらないですね。

南條　今伊藤さんは、千葉工業大学の学長なんですね。大学としては、何か変革を考えてるんですか？

伊藤　１万人の学生に、２５０人の教員というシステムがあるから、そう簡単には変革はできませんが、いろいろ実験はしています。

　今ｗｅｂ３の授業の受講者が３１８人。学部生、大学院生、一般民間、３分の１ずついます。この授業では、トークンを発行して、そのトークンで成績がつくようになっているんです。このトークンは、人に教えたり、イベントをやったり、その他いろんなことをやることによってもらえる仕組み。みんなでプロジェクトを組んでハッカソンをやったり、わからないことがあったらみんなで助け合う、というような学び合いをやったりして白熱してます。

先週学生と一般の人たちのイベントに行ったんだけど、みんな夜中までずっとやってました。オンラインとオフライン両方でやっていて、うちの教員でも、お金をもらってるのは本当に数人しかいない。僕の1000人ぐらいのオンラインコミュニティに、お金に換算されないコミュニティトークンがあって。このコミュニティで教えるとトークンをもらうという、完全にお金が関係ない世界で、みんながすごく盛り上がっていますよ。

南條　そこには伊藤さんもしょっちゅう顔を出すんですか？

伊藤　僕はちょこちょこ顔を出して、2回レクチャーしてオンラインでも参加しました。web3のツールの授業ですから、みんな使っていて、そのランキングが全部見られるんです。上の方に技術がまったくわからない女性アーティストがいて、彼女がけっこう面白いエコシステムを作るプロジェクトをやって、みんながそこを手伝う。こういうような実験を今始めています。

南條　なるほど、面白そうですね。

AIで教育はパーソナライズされたシステムに

南條　今後AIの時代になっていくのは間違いないと思うんですが、この時代に人間はどうなっていくんでしょうね。教育も含めて、人間がやってきたこと、やることはどうなっていくんでしょう？　AIというのは、今まであったテクノロジーとはちょっと違うと思うんです。もっと根本的な変革というか、変化が生じそうな感じがする。伊藤さんは、そこをどういうふうに考えてますか？

伊藤　教育で言えば、多分すごくいい影響、しかも強い影響があると思うんです。子どもが今何を理解していて、何をしようとしてるかというのは、解析すればすぐわかるんですよね。その子が今これを学びたいだろう、これをやりたいだろうということを全部解析しながら、どんどん提供していけるようになる。

インターフェイスはゲームのような感覚で、その後に「これやってみれば」「これはどうだろう」みたいに、すごくパーソナライズされたシステムができる。さっき言った、「学びたいことを学べるツール」を提供できるようになると思うんです。

そのうえで、そのシステムの中で何が起きてるかということを、親や先生にちゃんと報告もします。親には「今日は学校から帰ってきたら、これで遊んでみたらどうですか」「これには反応してたけど、こちらにはそうでもない」というようなコーチングと、子どものサポートもできるでしょう。

子どもが「どうして、どうして」と聞くと、これまでは親が後回しにしたり、答えられなかったりしていたけれど、システムがどんどん答えてくれる。すると、この子は例えば天才的なアーティストになる資質がある、ということもけっこう早くわかる。「ただし、ここは弱いからこういう技術でサポートしよう」というように、先生と親のパーソナライズシステムができると思うんです。これは子どもにとっても、先生と親にとっても良いことです。

最終的に判断するのは人間だ、というところだけ気をつければ、一般教育の現場の中でも、すごく良いツールになると思うんです。

そして、AIができることを子どもに無理やり教えるのはおかしいと思います。割り算を筆算でやるってできますか?

南條 覚えてないね。

伊藤 覚えてないですよね、でも不自由を感じる?

南條 感じないね(笑)。

伊藤 できないからといって、自分のことを馬鹿だと思う? 思わないですよね。ツールがあればいいことなんです。例えば、掛け算が電卓でできることによって、昔の僕らができない創造とか計算ができる。僕が4年生のときに電卓が発売されて、物理や化学の学者だった父に「買いたい」とねだったら、だめだと言われたんです。だから僕は父に、「天文物理のこの惑星の軌道の計算をしたいんだけど、電卓がないとできない」と訴えた。「パパは4年生のときに、天文物理できた?」と聞いたら、「できなかった」と言う。それで、僕は「そうでしょう? 僕はその上に乗っかって次をやりたいんだ」と言ったんです。

だから、何をしなきゃいけないかっていうと、ゴールを上げることです。もはやツールに任せればいいことを教え込むんじゃなく、大事なのは、子どものゴールをもっと上げていくことなんだと思うんです。今までと同じ試験をして、人間がまったく発達しない世の中だったら、もちろんAIは良くない。けれど、AIによってできることがすごく拡大するわけなので、子どもたちを、その拡大の世界に連れていかなきゃいけない。そして子どもたちの方が、僕らより想像力があるので、「こういうツールがあるとこんなことができるよね」とふくらみます。存在しているツールを禁止して、無駄な勉強をさせたり、変に圧迫したりするのは、僕は良くないと思います。

人間は「遊びに近いもの」だけしていればいい時代

南條 おそらくAIが教育にすごく貢献するだろう、ということはわかりました。一方で、AIが人の仕事を奪い、社会的な問題が起きるんじゃないかと言われています。これについては、どう考えてます?

伊藤 一部の仕事はなくなりますよね。今朝読んでいた記事なんですが、昔、氷は、凍った湖などから削って採取し、商品として世界中に配送していた。9万人が、この氷産業に携わっていたそうです。世界に冷蔵庫がない時代は、飲み物から何から全部こうした天然の氷を船などで流通させていた。でも冷蔵庫ができて家庭に普及したから、もうその産業はありません。これと同じように、今ある仕事の一部が消えるのは間違いないでしょう。

ただ、冷蔵庫ができたことによって、それまで氷を買えなかったような人たちが、安全に薬や食べ物を手に入れられるようになった。全体としては、すごくプラスがあったわけです。AIによって、もちろんなくなる仕事はあると思うんだけど、生産性は上がりますよね。

AIのネガティブな面としては、生産性とパワーが上がるので、悪いものにもパワーがつくこと。例えば武器や、差別。そういうことはたくさんあるとは思うんですが、僕は基本的にはプラスだと考えている。

なくなる仕事もあるし、ローカルでは被害を受ける部分もあるでしょう。もちろんリスキリングは必要だと思います。けれど、圧倒的に可能性が広がりますよね。

南條　僕は、ちょっと思うのですが、道具というものは、人間が楽をしようとして開発したわけでしょう？　最初は、石のヤジリみたいなものくらいしかなかった。そこから、刃物や機械がいろいろ発明されていって、そのずっと延長線上にＡＩがあると思う。

　ということは、根本的に人間が楽をするためにできている。ＡＩというのはいろんなことができる。そしたら人間が楽をすればいいんじゃないかと思うんだけど、なんでそういうふうに考えないんだろう？

　かなりの仕事をＡＩにやらせて、できた時間で遊んでいればいいじゃないかと思うのに、「みんな仕事がなくなる」と言う。問題は収入がどうなるかということだと思うけど、ベーシックインカムのようなシステムを設けて、みんなが最低限生きていけるようにして、生産性が上がった分は勝手に遊んでいればいいんじゃないかと。伊藤さんはどう思います？

伊藤　ベーシックインカムの話をすると、さっきの資本主義の話に戻るんですが……。今は、一人一人が必要以上のお金を蓄積することが最適化されている価値になっていますよね。だから、何が起きるかというと、お金を稼ぐのが上手な人にはどんどん増えていき、お金稼ぎが下手な人には回っていかないという貧富の差が生まれる。これが今の資本主義のベーシックなステイトですよね。

　そうじゃなくて、みんなで一緒にやろうよというところがゴールになれば、ベーシックインカムのような社会保障ができると思う。ただ、今はもう無限に、物があればあるほどいいというのが価値になっていて、国の成長戦略もみんなそうですよね。「ここまでしかやらない」というのではなく、できるだけ伸ばすというように。それがネガティブな点。

　ここで南條さんの話につなげると、千葉工大（当時は興亜工業大学）の創立メンバーである西田幾多郎が「純粋経験」という言葉を使っているんです。西田さんは、「純粋経験」というのは、解析し始める前の体験だと言っている。例えば、鳥がいると、鳥はどうのこうのと考える解析の前に、まず鳥を見た際、純粋に自然の中で瞑想しているときの体験がある。人間はそれができるんです。「純粋経験」の後に、脳がどんどん解析して、ロジックをつけていくわけです。ＡＩというのは「純粋経験」ができない。

　例えば、僕らが今日外に行って散歩したら、やっぱり暑いな、環境問題が一番大事だと思うかもしれません。でも自分の友人が親の介護で大変なので、やっぱり高齢化が問題だ、と考えることでしょう。

　南條さんであれば、南條さんの体験の中で、自分の倫理のプライオリティが決まるわけですよね。日本人全体では、みんながいろんな体験をして、日本が総合的にいろんな価値観、トレードオフを決めている。つまり、「日本としてこういう優先順位だよね」というのは、日本人みんなの体験に基づいて感じているわけです。

　それを実際のアクションにコンバートしなきゃいけないのが、我々のビジネス。そこにＡＩはいるけど、ＡＩというのはリアルワールドには存在していない。体験はできない。だから僕は、人間の最終的な価値は何かというと、リアルワールドを体験し、リアルワールドの中でいろいろ遊んで、ＡＩが入っているシステムに対して、感想や好み、体験を満喫した結果、プレフアレンスを言う。「食べ物が減ったとしても環境問題を何とかしようよ」とか、みんなで決めなければならないし、決めるためにはコミュニケーションしなければならない。

だから、南條さんが言う、「遊んだり、演劇を見たりする」ことは何かというと、倫理とプレファレンスについてみんなでコミュニケーションをとることなんです。人間がそれだけやっていれば、社会がちゃんと動く時代になると思う。だから、南條さんは「ただ遊んでる」と言うけれど、実はその「体験」は人間にしかできないことであって、そればかりやっているのは断然いい、必要だと思います。

南條さんが言う「遊びに近いもの」が、我々がやらなきゃいけないことのメインになっている可能性は高いと思うんです。

テクノロジーによって アート界に革命が起きる

南條　同じようなことを考えているんだけど、僕はちょっと違う論理でね。じゃあ、その人間が生きてるという意味は何かと考えると、ないわけです。でも死ぬまでの時間はつぶさなきゃいけない。だったら一番面白く楽しく過ごすのが、勝ちなんじゃないか。それが人生の目的だと設定すべきじゃないか、と思うんです。

今、人生の目的が、お金が儲かるとか、そういうところに置き換わってしまってる。じゃあ金を儲けて何がしたいんですか、というと「好きなことしたい」という話でしょう。でも金だけ集めて、好きなことを見失っている人がなんと多いことか。だったらはじめから、その好きなことに行けばいいという話と、ちょっと似てるような気がする。

伊藤　すごく似てる。

南條　アートなんてそういうもんです。この一瞬を一番面白く過ごせるかどうかということが、人生の価値になる。そうすると、サラリーマンはほとんどだめだね（笑）。

伊藤　楽しんでなければ、ね。

南條　そうだね、サラリーマンにも仕事を楽しんでる人はいるけどね。

伊藤　でも、ともかくアートは大事です。さっきの文化シフトにも関わってくるし。

南條　以前、伊藤さんは、「アート界に革命が起こるんじゃないか」という話をされていました。それはＮＦＴなのか、どうしてそういう発想、予測が出てきたのかな？

伊藤　その辺は南條さんの方が、アート業界の代表として詳しいのでは（笑）。

やはり人間の価値観を刺激するというのはすごく重要で、その刺激し合うためのテクノロジーがいろいろアートに取り込まれてきています。デジタルというのは、リアルなものほど体験価値だとか、刺激するときのとんがりがちょっと足りない。その点、ｗｅｂ３とかＮＦＴがすごく面白いと思うのは、デジタルに今までなかった貴重性や、これとこれが構造的につながってる、これは1個しかない、時間制限だとか、そういうプログラムがよりリアルにできるようになった。そういう、デジタルの表現力がすごく上がったということがまず1点です。

あとはＮＦＴにつなげることによって、例えばこのＮＦＴを持ってないと入れない、このＮＦＴを持って入るとこんなことがリアルで起きるとか、物理的なものとデジタルのものを結びつけるとか、今までできなかったリアルワールドでの表現がweb3でできるようになった。

この間の「BRIGHT MOMENTS TOKYO」のイベントも、NFTを買ってリアルに来て、アーティストと一緒にMintして、そういう体験をもらい、思い出になるNFTになって、また後で売れるという。これは、けっこうメディアアートにとって初めての、リアルワールドにちゃんと結びつく素材ができたと思うんです。革命的かどうかわからないけど、多分今までとは大きく違うと思う。

これは、逆に南條さんに聞きたい。今までいろいろ新しいメディアがアートに出てきて一旦流行って、それなりのインパクトがあったという感じでした。そのメディアアート、デジタルアートがずっとあって、これで初めて何か広がる要素ができたんじゃないかなと思うんですが、どうでしょう？

南條　NFTみたいな技術によって、ということですよね。それは僕も思ってます。ただ、基本的な形がまだ見えていないかなと思います。

伊藤　そうですね。

南條　いろんな形が、アイデアが出ている。それをみんなが実験してる状態であって、だいたいここに収斂するかなというのが見えてない感じがする。

国立競技場の駐車場が、外から入れるかなり広い空間になってるんですよ。この前そこで、あるアーティストと、メタバースのゲームの世界をやってる人たちが、すごい光の空間を作っていた。モニターがたくさん立っていて、その中に丸い物体が浮かび、煙を流してレーザーを飛ばして、そこで体感的な経験をしてから上に行くとギャラリーになっている。そこには、実にいろんな色で作られた円形のオブジェが365個ある。デザインを変えて、毎日1個作って、それをプリントアウトしたカードや、全部セットにした本が買える。カードで買うと、NFTでそれがもらえるわけです。

僕は自分の誕生日のものを買ったんだけど、そのカードがあると、即座にここに自分が買ったやつが現れるんだよね。だからNFTのウォレットを作らなくても、誰でも使えますという。商品構成も、リアルの中でものすごくたくさん作ってるわけ。そういう体験を提供して、若い人がたくさん集まってた。かなり日本で成功した、有名なゲーム会社です。

伊藤　南條さん的には良かった？

南條　良かった。空間体験が面白い。アートとして見ても、すごくよくできてると思う。

伊藤　アーティストがその素材を使い出せば、面白くなるよね。

南條　アーティストとゲーム会社、機材の会社が3社協力でやっていて、ああいうのを見ると、いろいろ可能性があるなと思いました。それが伊藤さんの言う「革命」かどうかわからないけど、やはり次のステップというか、新しさを感じますよね。

昔からの彫刻や絵画といったアートはなくならないと思うんだけど、もっとexpandしていくと考えているんだよね。だから、僕は最近よく思う。斬新な作品に対して、よく「これはアートじゃない」と言う人がいるけど、「この人は本当にたくさんアートを見たのかな」って疑っちゃうんだよね。

たくさん見ていたら、そんなこと簡単に言えないんだ。恐ろしくて。否定した途端にその表現がメインストリームに入ってしまう。

伊藤　そうなんだよね。歴史をちょっと振り返ると言えないよね、そんなこと。

南條　だから美術史を学ぶということ。新しいものを見たいなら、逆に歴史を学ぶことなんじゃないかと思うんです。ものすごくダイナミックに変化していくアートの歴史というものを学ぶと、「アートじゃない」なんて簡単に言えない。じゃあ、アートとは何なのかといえば、誰も定義できてないんだから。

　似たような表現がたくさんあったとき、その中でもやはり、認めたいものと認めたくないものというのは出てくるわけです。この上澄みの、レベルや質の高いものをアートと言えばいいのかなというふうにも思います。ジャンルの問題ではなく、各クリエイティブの仕事の中のトップレベルのものがアートなんだ、という言い方もあるでしょう。

伊藤　その辺も、見る人の性格なのかもしれませんね。これがアートなのかどうかわからない、というような作品を一生懸命見るのは、スタートアップの投資家みたいな感じですよね。対して、ある程度もう評価が決まったアートで、「この美術館で見せればじりじりと上がるよね」というのは公開株を売買している人たちみたいな感じ。僕は、それはつまらないんだけど、そういう人もいるから、こちら側も楽しいのかもしれない。

南條　僕はどちらかというと、いつも早すぎるんです。先に行っちゃっていて、お金にはならない（笑）。ギャラリーなどが、様子を見ながら、ワンテンポ遅れてそれをマネタイズする、という感じがすごくする。

教育から日本のダイバーシティへ

南條　最後に改めて、「じゃあ東京はどうしたらいいか」をうかがいたい。具体的な話で言うと、文化が相当ありますと言ってるけど、美術館だって断然少ない。パリ、ロンドン、ニューヨークに行ったら、単にアートミュージアムだけじゃなくてファッションのミュージアム、建築のミュージアム、デザインのミュージアム、いろんなものがある。

　ものすごく選択肢がある。選択肢が文化なんだよね。選択肢がなかったら、中国とかロシアと同じになっちゃう。そこのところが、まだ政治は全然わかってないという感じです。

伊藤　伝統工芸も、お金がなくなると続きませんよね。もう何百年も続いていた伝統工芸が、あっさりとなくなってしまう可能性も高い。伝統工芸が破綻して、モダンなアートも伸びない。今ちょっとカルチャーが動いているようなのに、経済的なことでだめになるかもしれない。そこはけっこう政治に絡んでるわけですよね。

南條　その売り方を考えるプロデューサーが少ないんです。文化のプロデューサーは、もっといるべきだと思いますね。

伊藤　そうですよね。国の政策をあんまり批判したくないけれども、「価値がある」という気持ちにさせれば、価値になるじゃないですか。円の価値というのは、世界の人たちの円に対する気持ちで決まるわけで。利休が「この茶碗に価値がある」と言うと、もうお城よりも価値があるというふうになる。それと同じで、やっぱりテイストがあって、自信を持って説得力のある人がプロデューサーを務めなきゃだめですね。

利休が「この茶碗はすごい」と言うと、それを秀吉が配って価値にするというシステムができていた。同じように、ＬＶＭＨは美味しいワインや美しいデザインを産業化している。これもすごいシステムだと思うんです。

南條　うまくできてるよね。

伊藤　ええ。ＬＶＭＨだったらデザイナーとワインメーカー、でもその真ん中にはアーティスト、テイストメーカーが必要です。ＬＶＭＨの持ってるワイナリーに行くと、醸造者はお金のことを考えないけれど、やっぱりその人が一番偉いんですね。大学も、この研究を発表できるというシステムは必要だけど、真ん中には大学教授がいる。大学に行くと、お金儲けに関係ない大学の先生が一番偉い。

でも日本では、アーティストや学者、実際にクリエイトする人たちをきちんと育てて、サポートするシステムがちゃんとできてないような気がするんです。

南條　利休の映画で、侍が茶碗を売りつけられてる。侍は「あんたが言うとそんなに高いのか、こんなものが」と問う。利休がいいとしたのは、手ひねりの歪んだ茶碗だったりするわけです。もともとは中国から来た白磁が最高峰だった。それに対して、「こんなものがそんなに高いのか」と問うと、利休が「私が言えばそうなります」って答えるんです。すごい自信じゃないですか。私が「これはいい」と言えば高くなる。つまり価値を生み出しているんだ。「自分が価値を見出してる、私が基準だ」と言ってるわけです。これが強さだと思う。それはなかなか、普通の日本人ではできない。

伊藤　ただ、そこには秀吉がいたんですよね。秀吉がそこまで考えていたかどうかはわからないんですが、昔は自分の優秀な家来には、お金とかお米とか土地をあげなければいけなかったんですよね。でも、利休が現れてからは、この原価ゼロの茶碗で同じ価値を生み出せるんです。ビジネスモデルとして正しい。利休を自分のところに置いて、どんどん家来のご褒美が生み出せるというのは、これはいいシステムだったわけです。

南條　利休は最初信長と組んでたんですよね。信長が明智光秀に殺されて、仕方なくその後秀吉と組むんですが、秀吉が金の茶室を作ると「そんなものに意味がない」と言うわけだよね。

秀吉も馬鹿じゃないから、利休が自分に批判的だってことを知っていたわけですよ。秀吉の日記を読むと、「利休に会うたびに私は殺される」って書いてあるらしい。それはもちろん本当に殺されるわけじゃないから、「お前はこの美がわからないのか」と利休に精神が殺されていたわけだよね。そのバトルがすごい。それで最後、結局利休は腹を切ることになる。そこに美学的なぶつかりあいが相当あったんだと思う。

伊藤　そういうぶつかりあいが起きないとだめですよね。

南條　ええ、そういうことのできる人がたくさん出てこないと、強いアート業界にはならないと思う。

伊藤　でも若者の文化では、起きないのかな。例えば若い人たちが、もうこういうデザインは嫌だ、こういう美学は嫌だと言って、「そういうのは買わない、そういうところには行かない」と口にする。

南條　出てくるはずですよね。さっきのノマディックな方向に行くという。例えば土地や物を所有しない、そういうシフトが起こってるわけだから、当然美学的シフトも起こっておかしくない。それをすくい上げてやる必要があると思うんだな。

しかも、日本の「みんなと同じじゃなきゃいけない」というムードの中にいるとね、「違うことに価値がある」ということがはばかられるわけですよね。そこがすごく、これからの成長の問題になる可能性がある。

伊藤　だから僕はまず日本に必要なのは、さっき言った、障害者や自閉症の子たちが一緒に学べる環境にすることだと思ってるんです。自分と異なる人に対する違和感は少なくなる。日本人は、今はもう標準化された人間しかいない、それで大丈夫だとみんな思ってる。そこからちょっと多様性を上げる。まず教育のダイバーシティからいじっていくと、そこから自然に国民のダイバーシティにつながる可能性はあると、僕は思うんですよね。

南條　そこに、アーティストも混ぜたいな。

伊藤　そうですね。はい（笑）。

南條　なぜかというと、学校の授業を見ると、「人と違うことを言った方がいい」というのはアートだけなんですよ。数学などには答えがある。他者と違うことを言ったら褒められる、唯一の授業はアート。そして、みんな「違ってもいいんだ」ということを感じさせるのは、アートの授業なんです。違って褒められる。そこで、変革が起こるかもしれないですよね、東京に。

伊藤　そう信じたいですね。

〈2023年6月インタビュー実施〉

ICFが見据える「都市の未来とは?」
10年間の軌跡を振り返る

PART 1
基調講演

［2015年実施］

ディファレンシズ

ニコラス・ネグロポンテ
（MITメディアラボ共同創設者／教授）

人生を巡る輪は いつも日本に帰る

　まずはじめにＭＩＴメディアラボが日本に深く感謝していることからお話しします。なぜなら、その歴史が日本から始まったからなのです。私とともにＭＩＴメディアラボを共同設立したのは、20年ほど前に亡くなったジェローム・ウィーズナーという人物です。ウィーズナーは、ジョン・Ｆ・ケネディ大統領の科学顧問でした。ケネディがアメリカ大統領になり最初にしたことの1つは、「日本に行き、日本の技術、特にエレクトロニクス産業の再建を手伝ってくれ」とウィーズナーに頼んだことでした。

　ウィーズナーは1960年代初頭に来日し、東芝、日立、三菱、松下など代表的な企業と会談しました。ケネディは暗殺され、20年後ウィーズナーはＭＩＴに戻り、学長になりました。その後、彼はメディアラボの構想を得るのですが、当時アメリカではあまり受け入れられませんでした。彼が再度日本を訪れたとき、20年前に会った人々は、大企業のＣＥＯ、会長、最高技術責任者になっていました。彼らはウィーズナーに恩を感じていたので、メディアラボのアイデアを歓迎し、資金を提供してくれたのです。それがアメリカでもメディアラボ設立のモメンタムとなりました。

個人的な思い出として、丹下健三教授から教わったことがあります。彼は生涯を通じていつも熱心にさまざまなことを教えてくれました。私は当時ハーバードで教鞭をとっていた建築家の槇文彦とも知り合いで、彼はのちに今のメディアラボの美しい建物を設計することになりました。私の人生、私の研究所での人生、私の知り合いの人生というたくさんの輪がありますが、その輪はいつも日本に戻ってくるのです。現在、メディアラボのディレクターは日本人であり、日本語を話す3人の教授がいるので、教授会の第二言語は日本語です。ですから日本はメディアラボにとっての故郷であり、今回の話の背景としてこの点は非常に重要です。

私は建築を学び、常に都市に関心を持ってきました。バックミンスター・フラーのような人物から教えを受け、今日の私たちが理想とする考え方を持つきっかけとなる素晴らしい機会に恵まれてきました。その中でいつも興味を惹かれるのは、「ディファレンシズ（違い）」という部分です。「違い」から新しいアイデアが生まれるからです。違いがもたらす誤解から偶然新しいアイデアが生まれることもあります。新しいアイデアは同質的な思考からは生まれません。違いを最大化することが重要であり、文化的にも知的にも異質でなければならないのです。

私はニューヨークのマンハッタンで生まれ育ちました。当時は裕福でなければマンハッタンで暮らすのは難しく、私の世代の多くは都会を離れ、物価が安く安全で、(不動産税で教育制度が賄われるため税金の高い地域に多い）良い学校がある郊外に移り住んでいました。都市に残ったのはごくわずかな富裕層だけでした。それが今、変わりつつあります。人々は都市に戻ってきており、郊外は衰退していると言っていいでしょう。今、郊外に住みたいという若者がいるでしょうか？　彼らは長い通勤時間を嫌がり、郊外には住みたいと思わないのです。30年前は「オフィス街、工場街、住宅街」を分ける馬鹿げたゾーニング法律がありました。しかし、今は、アパートメントから、カフェ、オフィスなど、どのような場所にもすぐに行けるような街を作ることができるようになりました。私たちのライフスタイルは大きく変わったのです。

私は高校の最終学年のとき、数学が得意で、美術（アート）にも長けていましたので、建築を勉強しようと思うと校長に話したことがあります（訳注：当時は数学とアートの両方のスキルを活かせる分野は建築であるという社会認識があった)。校長には、「ニッキー（ニコラスの愛称)、私はグレーのスーツもピンストライプのスーツも好きだが、グレーのピンストライプのスーツは好きではない」と言われましたが、当時の私は彼が何を言っているのか理解できないまま建築の学校に進みました。建築は好きでしたが、卒業を迎える頃、自分の「ピンストライプのスーツ」は、建築ではなくコンピュータであることに気づいたのです（訳注：数学とアートの両方のスキルを活かせる分野がコンピュータであると気づいた)。そこで、親しい友人となったスティーブ・ジョブズに、『重要な問題』はアートなんだ。アートとテクノロジーは別々の問題ではないんだ」と話し、スティーブはそのことを理解してくれました。この2つは1つの問いであり、私の人生においても唯一の問いとなっています。

キャリアの最初の頃は、私はまだ自分のことを建築家だと思っており、自分のピンストライプのスーツは、コンピュータと建築を結びつけることで実現するのかもしれないと考えていました。気づくまで時間はかかりましたが、コンピュータ上で都市や環境を設計すること(が重要なの)ではなく、コンピュータ(が重要)なのだ、そう考えると、建築家がいなくても建築はできるのではないかと思ったのです。

Architecture Without Architects
「建築家なしの建築」

1960年代にニューヨーク近代美術館で「建築家なしの建築」という素晴らしい展覧会がありました。同名の本は私に大きな衝撃を与えました。著者は、MIT教授のバーナード・ルドフスキーという人物です。その考え方はこうです。例えばイタリアの山の上にある典型的な村や町などでは、限られた道具で建物を建てており、そういう人たちによって建築が進化してきました。あるいは、太陽の光を反射させたり、虫を寄せ付けないために家を白く塗る。そうしたことが建築に均質な特徴を与え、結果として非常に素晴らしい建築を生み出している。それが進むべき方向(建築家なしの建築)というもので、1968年のことです。

そこで1969年、私はニューヨークのユダヤ博物館である実験を行いました。アイデアを実験する場所の1つに美術館があります。美術館は明日の先駆けとなり得ます。森美術館もそうだと思います。ユダヤ博物館では、ある環境にスナネズミを住まわせ、スナネズミが走り回ることで動いたブロックを意図的なものか偶発的なものかロボットに判断させる。実際に何日も何週間もかけてスナネズミがブロックを動かしていくうちに、この建築が進化していくのを、人々は何度も見ることになったのです。MITはそういうことができる場所になりました。学術部門はスイスチーズのように穴が開いていて、互いの壁を通り抜けることができます。そして私は、(この世の)ほとんどすべてのことが「何もしなくても実現できる」と信じるようになりました。ここでいう、「何」とは「私たちが予想するもの」のことです。今、最大のリムジン・サービス会社はどんな会社ですか? 車のない会社です。最大のホテルチェーンは? 部屋のない会社です。世界最大の学校は? 教室のない学校です。つまり、私たちが思いつくほとんどすべてのもののうち、今最も人気があるものは、「私たちが必要だと考えていた構成要素を持たないもの」なのです。それが都市を変えるのです。

私は、いつも大胆な提案を求められるのですが、今回も最終的にはかなり極端な提案をするつもりです。皆さんが提案を受け入れるか受け入れないかはわかりません。私の行動指針は、「私が今行っていることは、通常の市場原理でもできることだろうか」と毎朝自問することです。もし答えがイエスなら自分に「今やっていることをやめろ」と言います。なぜなら、私は自分の役割は通常の市場原理からは生まれないことをやることだと思っているからです。それは、人々が人生で大切にしているものは、通常の市場原理ではなく、別の方法でもたらされたものだと考えるからです。市場の力が良くないというわけではなく、市場の力は経済全体の基盤です。資本主義、市民事業の礎です。市場の力には本当に重要な側面はたくさんありますが、通常の市場原理ではできないこともあるのです。世界をそういう視点から見る場合、投資収益率など、1つの項目に合わせて最適化しようとはしないでしょう。

エレベーターは世界中の都市を変えました。では、エレベーターよりも重要なものは何か。その1つは、自動運転車です。これは提案ですが、東京は自動運転車を許可する時期を宣言すべきです。２０２５年かもしれないし、２０２２年かもしれない。早く自動運転車を許可し、世界をリードすべきなのです。膨大な面積を占める駐車場が必要なくなります。車両数は90%削減され、ほとんどの道路が使われなくなるでしょう。東京がどうなるか想像してみてください。駐車場も、交通量の多い道路もなく、車両の数は現在の10%しかない。私の推測では、シェアリングエコノミー、カーシェアリングとなるでしょう。そうなれば、東京の街は一変するでしょう。

「人権」としてのコネクティビティを無料に

都市の役割は変化し、今も変化しつつあります。私たちの多くが文化や芸術に消極的なのは、それが文化であり芸術であるからで、その消極的な理由は、その境界が現在非常に曖昧であるという事実から来ているためだと思います。それほど連動しているからです。都市が果たす役割について、私たちは確信を持って「社会的なもの」と言うことができます。私の時代、「思春期」は3年くらいでした。今、思春期は13、14歳くらいから始まり、30代前半までとしてほぼ20年もあります。シェアリングエコノミーはその20年間の大きな部分を占めています。彼らは楽しみたい、夕食を摂りに行きたい、バーにも行きたいし、友達とも出会いたい、新しい人間関係も築きたい。郊外より都会にいたいのです。そのような人々にとって、都市は社交の場です。シェアリングエコノミーは絶対に欠かせません。

私の時代は、裕福さの証は何軒家を持っているかということでした。今の世代はそんなことに憧れないし、家を持つ必要すらないと思っています。メディアラボで車の開発に携わっているケント・ラーソンが、30人ほどのクラスで「車を持ちたい人は何人いますか?」と尋ねると、ゼロでした。先日参加した、ボストンで行われた講演会のスピーカーはハフィントン・ポストのアリアナ・ハフィントンでした。司会者の質問に彼女は「私は車を使いませんし、持ってもいません。Ｕｂｅｒを使うだけです」と答えています。同会場にいた、世界有数の交通量があるＬＡに住んでいるという参加者も、「ＬＡに住んでいますが、私も車を持っていません。Ｕｂｅｒを使っています」と言っていました。今は、車を所有する経済的な理由がありません。Ｕｂｅｒの方が安く、より便利で、車を保管する必要もなく、物品税もローンや金利も払う必要がありません。このことは、シェアリングエコノミーの未来についてのメッセージです。

さて、最後に物議を醸しそうな提案をしましょう。世界の人口のおよそ70％は都市に住んでいません。歴史上、郊外に住んでいた人たちが都市に来たのはなぜでしょうか？ 農村部や貧しい人々が都市にやってきた理由の1つは、都市に来れば仕事が見つかり、子どもたちは学校に通い、より良い生活を手に入れられるという約束でした。実際には「偽りの約束」でしたが。農村では医療は充実しておらず、収入は高くなかったかもしれませんが、生活の質はスラム街やギャングなどを抱え安全が確保されていない都市での生活よりもずっと良かったのです。だから、都会に行けばこれが手に入るという約束は、多くの人々にとって「偽りの約束」でした。20年前の私の疑問は、「どうすれば孤立をなくせるか」「どうすれば、都市に移り住む人々が、『偽りの約束』ではなく、本当に実現できる希望を持つことができるか」ということでした。

私は「One Laptop Per Child（子ども1人につき1台のノートパソコン）」プロジェクトや、人々を結びつけるサテライトプロジェクトなどを行ってきました。その中で「コネクティビティは人権か」という問題にぶつかりました。コネクティビティは、街灯、道路、初等教育、医療、警察など、必ずしも人権とは言えないが「市民的責任」のようなものとも言えます。ただし、人権であろうと市民的責任であろうと、これらすべてに共通しているのは「無償である」ということです。

無償ということは、社会全体が何らかの形で繁栄していることを前提とした経済モデルによって賄われているということです。支払われた税金が、教育や道路などの公益、インフラに使われます。私の考えでは、世界の多くの地域、特にアメリカの公教育に起きた最悪の事態は私教育です。私教育によって、優秀な人材が公教育システムから吸い取られてしまったため、公教育をより良いものにする地位、権力、財力、階級を持つ人が残っていないのです。さまざまな尺度で見ると、教育においてトップであるフィンランドには私教育がなく、すべて公教育です。教育は社会の責任の一部であると考えられ、すべての人を向上させることで社会をより良くします。フィンランドでは、富裕層が、希望を抱いて自分の子どもを公教育に行かせるのです。

都知事に対する私の提案は次のようなものです。もし私と同じようにコネクティビティが人権だと考えるのなら、それは無償で提供されるべきです。富裕層が得をして、貧しい人々が損をするということはないのです。人間であるということだけで権利を得ることができるのが人権です。

では、都市には何ができるのでしょうか？ 東京でインターネットを無料にするのです。インターネットの提供企業には、学校を建てたり、道路を掃除したり、物を運んだりする企業と同じように料金が支払われます。コンテンツや情報は含まなくてよいですが、もし東京がブロードバンドなど基本的なインターネット・サービスを無料にすれば、世界から称賛されることになるでしょう。地方の小都市がインターネットを無償化しても、世界から注目されることはないでしょうが、もし東京都がインターネットをオリンピックまでに無償化できたら、他の大都市も東京を真似るでしょう。なぜなら、これは実行可能なことだからです。私の今回の話から「大都市が行うべきこと」について1つ選んでもらうとしたら、この提案です。

［2019年実施］

2050年に向けて、限りある地球における グローバルな発展〜課題は何か？ また、米国、中国、日本はどう役立つのか？〜

ヨルゲン・ランダース
（BIノルウェービジネススクール 法律ガバナンス学部 気候戦略 名誉教授）

短期的な利益に見合わない対策が必要

私は長年、世界をより良い場にするため、より持続可能で、より環境に優しい場にするため、特に人々を幸せにするために努めてきました。しかし、その取り組みは成功していません。現在、世界は1970年の世界よりも持続可能性は退化し、私も年齢を重ね、少し焦りを感じています。誰も私の助言に耳を傾けてくれず、とても心配しています。

まず私のメインメッセージを読みあげたいと思います。世界は地球規模の緊急事態に直面しています。それは単なる危機ではなく、継続的な温暖化という形での本当の緊急事態であり、もちろん気候変動にもつながっています。もし人類が短期的な利益のみを優先すれば、世界は結局、破壊された地球を孫たちの世代に残すことになります。つまり、資本主義の観点から見て有益と思われることだけをし続けるのであれば、結果的に、未来の世界は大きなダメージを受け、破壊され、縮小することになるのです。私の結論は、私たちはもっと多くのことをする必要があり、コストや採算性、短期的な費用対効果に見合わない対策を実施することが必須であるということです。長期的に世界を救うためには、コストのかかる解決策を選択する必要があります。これが「アメリカ対中国」という問いに対する私の見解です。30年先の未来をより良いものにするために、短期的にはコストのかかる解決策を選択できるシステムへの変革が必要なのです。アメリカの資本主義においては、このような有権者の行動は不可能であり、短期的な市場は、短期的に利益をもたらすもの、短期的に人々の消費水準を高めるものにフォーカスしています。

今後30年間で地球に何が起こるのか?

それでは、「今後30年間で実際に何が起こるのか?」という問いに答えていきたいと思います。私たちが最近行ってきたことを、今後も続けていくと仮定した場合です。私が10年ほど前に書いた『2052』という本には、2052年までに何が起こるかを400ページにわたって詳細に記しています。コンピュータモデルに基づいたウェブ上で、皆さんが自分で予測を立てることもできます。

・人口

この予測モデルに基づくと2050年までに人口が90億人に達し、そして減少していくだろうと考えられます。世界人口が減少する理由は、出生率の低下です。豊かな社会において女性は教育を受け、キャリアを築くことを優先します。貧しい国においては多くの人がスラムで生活し、子どもを産み育てることは非常に厳しいため、人口が減少していきます。

・経済

今後の世界経済については、モノとサービスの生産におけるGDPは依然として上昇していきますが、成長率は低下し、1970年から2010年までの平均成長率であった年率プラス3・5%（実質ベース）は達成できず、年率3・5%、2・5%、2%と下がっていくでしょう。国民経済が横軸に沿って豊かになると、経済成長率が鈍化するからです。豊かになるにつれ、農業や製造業に従事する人が減り、ほとんどの人がサービス業に携わるようになります。サービス業の生産性を向上させることは非常に難しく、その結果、豊かになればなるほど、グラフ上のアメリカの成長率は鈍化し、中国と同じように、所得水準が低いほど成長率は下がっていきます。今後30年間の世界経済の成長率は過去よりも低くなるでしょう。

・エネルギー利用率と構成

エネルギーは経済発展の主要なインプットです。経済学では常に労働と資本について語られますが、実際にはエネルギーの利用が私たちの生活水準を引き上げてきました。エネルギー利用率は上昇を続けますが、社会全体でエネルギー効率への関心が高まっているため、ゆっくりと進むでしょう。また、エネルギーの構成も変わります。現在、私たちは石炭、石油、ガスの使用に大きく依存していますが、電化が進みます。特に、太陽、バイオマス、水力、そして日本においては原子力など、再生可能なエネルギー源から供給される電力はC

O_2を排出しないエネルギーです。現状では2050年までに大幅な削減はされず、実際には現在とほぼ同じ排出レベルになるでしょう。もちろん、2050年までに50%あるいは80%の排出量を削減するという願望と計画があることはご存じでしょう。私は、採算性や費用対効果を逸脱しない限り、2050年までにおよそ10%の削減で終わると見ています。そうなれば、世界の温暖化は非常に進みます。

・地球の気温

これは1850年から2100年までの長いスパンで世界の気温を表したものです。赤い線は、産業革命以前の気温が1度ほど上回っていることを示しています。私の予測では、2050年にはプラス2度を超え、2075年にはプラス2・5度のピークに達するでしょう。気温が少し下がり始めるのは、CO_2排出量が減少してから40年後です。つまり排出量を減らし始めても、気温がピークに達して下がり始めるまで40年かかるのです。もちろん、2・5度という厳しいシナリオでは、日本の台風はさらに悪化するでしょう。乾燥した場所はより乾燥し、雨の多い場所にはより雨が降る。海面上昇は、私の国ノルウェーではあまり問題になりませんが、バングラデシュにとっては大変な問題となります。インド側は、バングラデシュ側とは別に国境側に人々をとどめるためのフェンスを建設しています。

・地球の限界点

地球の限界点は、地球温暖化だけではありません。オゾン層が赤から黄色、そして緑の領域に戻りつつある良い兆候を示しています。海洋はより酸性化し、森林破壊では、熱帯林や温帯林、北方林が伐採されています。栄養塩の過剰供給は生態系にとって問題となり始めています。淡水に関しては、利用可能な資源を極端に過剰使用する方向に進んでいます。生物多様性の損失に関しては、サンゴ礁はすでに死滅し、他の多くの生物多様性も失われようとしています。一方で、大気汚染については良い方向に進んでいます。中国は10カ年計画を策定し実行しています。最終的に、有害物質に関しては、赤い領域の下層にとどまるでしょう。まとめますと、基本的に人間の活動と地球の限界点の間のマージンがどんどん狭くなっています。私たちは「地球の限界」に強く押され、安全マージンがどんどん狭まっているのです。

・世界の1人当たりGDP

日本、中国、アメリカでどのような展開があったのか見てみましょう。これは人口のグラフです。中国は本当に人口が多く、アメリカは日本の2倍ぐらいです。GDPを見ると、中国はまだ相対的に貧しいですが、2050年には実質的に日本の10倍、アメリカの5倍の規模になるでしょう。CO_2排出量で見てみると、2050年時点では減少傾向にあることがわかります。アメリカは石炭をガスに置き換えているので、徐々に減少していきます。日本もゆっくりと右肩下がりです。中国は政策に従って減少に転じるまで、しばらくは増加し続けるでしょう。

1人当たりのGDPで見るともっと興味深いことがわかります。日本は1990年の人口とGDPの停滞以降も成長を続けていることがわかります。つまり、人口が高齢化し下降しているにもかかわらず、1人当たりのGDPが上昇しているという、驚くべき成果を上げているのです。アメリカはいくらか成長するでしょうが、基本的に停滞が予想されます。1人当たりのCO_2排出量は減少し、この点で日本が勝者となるでしょう。なぜなら、日本は原子力エネルギーを大量に使用しているからです。日本は今後も使い続けるだろうと私は予想しています。

化石燃料を30年かけて秩序正しく廃止する

基本的に、中国、日本、アメリカの3カ国が正しい方向に進んでいる状況にありますが、この動きは十分なスピードではありません。CO_2排出量の減少は非常に緩やかで、気温はパリ協定を上回るでしょう。では、なぜこのように変化が遅いのでしょうか？　気候変動に配慮したグリーンソリューションは、化石燃料よりもコストが高いからです。その結果、個々の企業が競争の激しい世界で前進することは不可能であり、コストのかかる解決策を選択することができないのです。第二に、西側諸国の政府にとって、グリーンソリューションを安価に、コスト競争力のあるものにするための規制を導入するのが非常に難しいのです。例えば、電気自動車の競争力を高めるためにガソリンの価格を上げれば、人々は反対票を投じます。そのため、企業は動くことができない。民主主義社会においては、必要な規制を設けることができないという状況にあるのです。この問題の解決策として考えられるのは、中国のモデルに倣うことです。中国は基本的に、国家が長期的な視野に立って何をすべきかを決定しています。提示できるシンプルな解決策もあります。それは、2020年から2050年までに石炭、石油、ガスの使用料を秩序ある方法で削減することです。そうすれば、2050年には石炭、石油、ガスの使用料をゼロにすることができるでしょう。重要なことは、人工的に排出される温室効果ガスの70％が石炭、石油、ガスの消費によるものだということです。つまり、この1点を突き詰めれば、問題はすべて解決するのです。

問題は、現在の状況から石炭、石油、ガスの使用を30年かけて秩序正しく段階的に廃止していく方法です。基本的に2つの手順が必要になります。1つは、グリーンソリューションを収益性の高いものにする法整備です。私の国ノルウェーでは、10年前に暖房用の石油とガスの使用を禁止しました。2019年の1月から施行されたため、誰も石油とガスを用いた暖房を使うことができなくなりました。第二の例は、北京での化石燃料の自動車の禁止です。北京は自動車が多すぎるという問題を抱えています。そこで、車がほしければ電気自動車を購入するというシステムを導入したのです。第三の例は、ドイツが2000年に導入した太陽光と風力に対する補助金です。古いものを使い続けるよりも、正しいものを使った方が利益を上げるということで、シフトを加速させることができるのです。

しかし、民主的な政府がこのような規制改革を行うのは難しいと言えます。旧態依然とした解決策、あるいは不正な解決策から抜け出すためにできることは、政府が主導権を握ることです。基本的には、政府がソーラーパネルや風車の建設を開始し、その費用を増税として国民に課す、特に富裕層に負担させるのです。こうして採算の合わないソーラーパネルや風車を作ることができます。総額はそれほど大きくはありません。おそらくＧＤＰの３％程度でしょう。私は、世界が地球規模の非常事態に向かって、とても楽し気に進んでいると感じています。解決策があることを知っており、人々に伝えることができるのです。人々が耳を傾けたがらないのは理解できます。

私は後輩たちから「終末予言者」だと言われてきましたが、前向きな言葉で締めくくります。あなたにも何かできるという意味です。都市に住む皆さんがすべきことは３つです。第一は、温室効果ガスの排出を削減するための継続的な取り組みを行うことです。例えば、エネルギーの効率化、再生可能なエネルギーの地産地消、公共交通機関の電化、冷暖房のスマートグリッド化、廃棄物処理などです。これらは重要ですが、問題を解決するものではありません。それが重要なのです。第二に、大企業にも言っているのですが、最も重要なことは、環境に配慮したものが利益を生むように法律を改正することです。これが21世紀におけるあなた方の義務なのです。第三に、グリーンソリューションの追加費用を支払うために、富裕層への増税を厭わない政党を支持することです。私は社会階級の中でも富裕層に属しており、将来、より良い世界を作るためにかかる費用としてＧＤＰの数％を支払っています。都市はこれを真実の１つとして活用すべきです。

ICFが見据える「都市の未来とは?」10年間の軌跡を振り返る

PART 2 スピーチ

［2013年実施］

森美術館セッション2
今アジアで起こっていること

ユージン・タン
（シンガポール国立美術館館長／シンガポール経済開発庁プログラム・ディレクター）

経済の近代化と芸術の発展の密接さ

今日の私の講演は、“Art in the City's Future Singapore and Southeast Asian Art Histories”です。ナショナル・アート・ギャラリーについてだけでなく、シンガポールや東南アジアの最近の動きについてもお話ししたいと思います。20年後のシンガポールという都市がどうなっているかという予測において、アートは中心的な役割を担っています。特にビジュアル・アートは、1990年代後半から現在に至るまで、着実に注目度を高めてきました。シンガポールの芸術シーンが急成長した背景には、さまざまな要因が重なっています。1つには、もちろんナショナル・アート・ギャラリーの設立です。また、「芸術が社会の中でより重要な位置を占める必要がある」という国家認識があります。

もう一点、グローバリゼーションの時代におけるアジアのアイデンティティと、芸術の発展との関係についてもお話ししたいと思います。

アジアのアイデンティティは、常に経済

的現実によって決定されてきたものであり、新自由主義的な資本主義のもとでは、経済的進歩の継続が大前提となります。アジアにおける芸術の発展と経済の近代化は密接に結びついています。世界の多くの地域と同様、アジアにおいても、経済発展と近代化の間には強い相関関係があり、アート市場の支配力が増しています。これは、文化的エコロジーが発達していないアジアにおいてより顕著であり、事実上「経済のグローバル化」と「文化のグローバル化」の統合と言えるでしょう。そして、アート市場の重要性は、コレクターとギャラリー、キュレーター、美術評論家、美術館との間に存在する複雑で入り組んだ力関係の中で、コレクターが持つ力を突出させる不均衡な事態をもたらしました。その結果、芸術の商品としての価値が、社会的、歴史的、美的価値を実質的に支配する状況になっているのです。

こうした状況のアジア地域において、シンガポールは、ナショナル・アート・ギャラリーやその他施設の発展により、違った役割を果たす可能性を持っていると考えています。

1996年にシンガポール国立美術館が開館して以来、シンガポールの視覚芸術の生態系に大きな変化が現れました。2001年のヴェネチア・ビエンナーレへの初参加もその1つです。シンガポール・パビリオンでは、リム・ツァイ・チュエン、ミン・ウォン、ホー・ツーニェンといったアーティストが作品を発表しています。2006年初開催のシンガポール・ビエンナーレは、地域のアーティストによる新作制作の重要なプラットフォームとして台頭しています。初回、第2回のアーティスティック・ディレクターは南條史生さんでした。

こうした制度的なイニシアティブを補完するものとして、市場の成長に焦点を当てる、次のようなものもあります。

1つ目の「アート・ステージ・シンガポール」は、ロレンツォ・ルドルフによって2011年にスタートしたアートフェアで、以来、アジアや東南アジア各国のアートシーンに焦点を当てたプラットフォームを構築し、アジアンアートの見本市としての位置づけに成功しています。

もう1つは、2012年にオープンしたギルマン・バラックスです。ギルマン・バラックスは、旧英国軍キャンプをアート地区に改装したものです。アートの制作、議論、表現の場として構想され、15以上の国内外のギャラリー、レジデンス・プログラム、リサーチ・センター、そして展覧会プログラムを収容する現代アートのためのセンターで構成されています。オープンに当たって、ドイツ出身のキュレーター、ウテ・メタ・バウアーがディレクターに就任しました。ギャラリーには、上海からShanghARTとPearl Lam Galleriesが参加。東京からは小山登美夫ギャラリー、ミヅマアートギャラリー、オオタファインアーツ、フィリピンからはドローイングルームやシビルランドといったギャラリー、ベルリンからはアン&ミヒャエル・ヤンセンが参加します。

シンガポールの文化的エコロジーに、これらのギャラリー、現代美術の新しいセンターが加わったことで、シンガポールは東南アジアにおけるアート制作の中心地としての地位を確固たるものにしました。

東南アジアの美術史を包括的に紹介する初の試み

また、ナショナル・アート・ギャラリーの設立も、東南アジアにおけるシンガポールの位置づけを物語っています。

　ナショナル・アート・ギャラリーは、広いスペースを割いて東南アジアのアートを長期的に展示する予定です。初の試みとして東南アジアの美術史を包括的に紹介するとともに、中核に東南アジアの芸術研究への取り組みを置いています。シンガポールの未来におけるアートは、歴史や、この地域における歴史的・地理的基盤の認識から生まれるでしょう。

　ナショナル・アート・ギャラリーの建物は、シンガポールの歴史的な市民地区の中心に位置し、旧最高裁判所と旧市庁舎という2つの国家的モニュメントとその拡張されたスペースを使用します。旧市庁舎は１９２０年代、旧最高裁判所は１９３０年代、どちらもシンガポールがまだイギリスの植民地だった時代に建てられました。旧最高裁判所は、イギリス人建築家フランク・ドリントン・ウォードが設計し、イタリア人アーティスト、カバリエリ・ロドルフォ・ノリが柱と彫刻を手掛けました。

　延床面積は6万平方メートルで、約１万８０００平方メートルの展示・プログラムスペースがあります。地下1階にはギャラリースペースがあり、屋上にはレストランやパブリックビューイングデッキが設置される予定です。

　私たちの使命は、シンガポール、東南アジア、そして世界の芸術の間に対話を生み出し、国内外の人たちにインスピレーションを与え、一流の参加型視覚芸術機関となること。芸術が鑑賞される場であるだけでなく、芸術と視覚文化のための交流のファシリテーターであることを目指しています。シンガポールは、自由貿易港として商業と貿易の交流が始まった時代から、交流のパイプ役として豊かな歴史を刻んできました。ＡＳＥＡＮ（東南アジア諸国連合）という多国間の相互の社会的・政治的・経済的協力に基づくグループを通じて、異なる文化圏からの人々の流れ、かつての貿易風や海上交易からの流れがこの地域に生きているのです。

　シンガポールのアートに特化したギャラリーはいくつかありますが、今日はサウスイースト・アジア・ギャラリーに焦点を当てたいと思います。サウスイースト・アジア・ギャラリーの展示は、この地域の芸術の深さと多様性を示すというテーマのもとに運営されています。私たちの目的は、この地域全体のアート制作の主要な推進力を強調すること。戦略的なポイントとして、建築、写真、イラストレーション、映画など、他分野の視覚文化から引き出された資料も取り上げます。

　つまり、私たちがサウスイースト・アジア・ギャラリーを通して目指しているのは、19世紀から今日までのシンガポールと東南アジアにおける美術の発展を歴史化することです。また、東南アジアの美術史がどのように書かれてきたかを振り返り、書き換えることを目指しています。東南アジアの国々は、社会的、政治的、歴史的、植民地主義、ナショナリズム、工業化の実体験と闘争、そして混血といったグローバリゼーションの状況という点で重要な共通点を持っています。ただ、共有すると同時に異なる歴史を持つ地域です。東南アジアのアートは、この地域のアーティストが、こうした文脈から生じる問題を反射的に探究していることを示します。

以下は、私たちがサウスイースト・アジア・ギャラリーを通じて解決しようとしている問題や疑問の一部です。

・東南アジアをどう理解するか？
・アートの概念とは？
・どのような経験を共有することで、地域全体のアーティストを結びつけることができるのか？
・芸術の原動力となる重要な衝動とは何か？
・芸術に影響を与える重要な影響や出来事とは？
・東南アジアを代表するアーティストや実務家とは？
・東南アジアのアートは、地域や世界とどのようにつながっているのか？

サウスイースト・アジア・ギャラリーは、地形図、地図、旅行記や民族誌の挿絵といった多様な視覚的手法によって、ヨーロッパ人が東南アジアの土地や人々、物質文化をどのように表現したかを紹介します。19世紀から現代までの各時代に対応する、５つのセクションで構成されています。

最初のセクションのテーマは、「権威と不安」。この時代のアーティストたちは、東南アジアにおける植民地の存在によって新しいジャンルや表現スタイルを導入しています。また、東南アジアにおける初期の植民地博物館の分類法を参照し、カテゴリーとしての芸術の進化を示しています。こうしたさまざまな表現形態は、東南アジアの人々が自分たちの文化や歴史をどのように見るかという点に影響を与えました。美術は、地図作成、民族誌写真、風景画などの手段を通じて、東南アジアの地勢に対する植民地的権威を示唆するために用いられました。

同時に、東南アジアのアーティストたちは、植民地という舞台の中で1つの文化的権威を主張するために芸術を利用しました。東南アジア近代美術の先駆者たちは、植民地時代の地元芸術家への期待を裏切り、西洋風の絵画で野心的な構図を作り上げたのです。彼らがヨーロッパ絵画の慣習を既存の表象規範と組み合わせたり、原初的なナショナリズムの感情など現地の関心事を伝えるために用いたりすることで、どのように現地化したかを紹介しています。

１９００年代から１９４０年代にかけてのセクションでは、ヨーロッパと東南アジアの画家たちによる、東南アジアの理想的な風景を描いた作品にスポットを当てます。風景画の流行から、その土地のテーマや素材の普及に至るまで、東南アジアの画家たちは「熱帯」という土地に対する感性の高まりを示しました。ヨーロッパの旅行画家たちは、ゴーギャンやオリエンタリズムの影響を受けて、熱帯をエロチックに表現したのです。

次のセクションの１９５０年代から１９６０年代にかけて、東南アジアでは、第二次世界大戦と植民地支配後、独立国家が誕生していきました。芸術家たちは、新しく想像された国民国家の問題を表現するために、国民性の近代化と国際主義の思想に積極的に取り組みました。東南アジアの物語は、国家、国際主義、近代性という概念によって、ますます複雑化する環境における芸術の意味を検証し続けています。そこでは、ヨーロッパ中心主義の単一的な近代美術の物語ではなく、「複数の近代」という考察がなされています。

次のセクションでは、前時代の激動的な政治状況から脱却しつつある地域を背景に、幅広い芸術活動を紹介します。1970年代半ばのベトナム戦争終結から1989年の冷戦、1999年の冷戦終結に至るまで、またその他国際的な政治危機など、世界の大きな紛争に挟まれた時代です。権力政治の変化と、西側から波及する意識啓発活動は、東南アジアのポストコロニアル的立場、特に西側で学ぶ東南アジアのアーティストの存在をより明確にすることで、両極端の声を呼び覚ましました。

また、マスメディアや、グローバル化したアート市場の成長も、東南アジアの現代社会におけるプレッシャーの高まりをアートに反映させました。この時期のアートは、真剣なテーマがある一方、日常生活のジレンマの検証を促すようなパロディ、皮肉、風刺、不調和に代表されます。コンセプチュアルなインスタレーションやパフォーマティブな手法、またアイデンティティ政治に関わる表現が前面に押し出されています。サウスイースト・アジア・ギャラリーの最後のセクションは、ある意味、このフォーラムでの議論に最も適切であり、このセッションの冒頭で述べたことに通じるものです。

シンガポールは、東南アジアの複雑性と多様性を考慮した、世界美術史の再構築のための新たな視点とプラットフォームを提供することができます。モダニズムの発展をより良く理解することで、世界的な芸術の発展もよりいっそう認識することができるのです。

これこそが、シンガポール国立美術館が貢献できる役割なのかもしれません。

［2013年実施］

森美術館セッション3

創造的都市と生活の未来

グレン・ラウリィ
（ニューヨーク近代美術館館長）

都市のエネルギーを引き出す場としての美術館

南條さんから、「この10年間に、ニューヨーク近代美術館がどのように拡大してきたかについて話してほしい」と言われました。美術館が都市を活性化し、価値あるものにする方法について考えてみたいと思います。

まずはロケーションから説明させてください。ニューヨーク近代美術館は、セントラルパークのすぐ南、マンハッタンのミッドタウンの中心部という世界でも有数の密集した環境にあり、文字通り高層ビル群に囲まれた通りに面しています。この都市の中心性こそが、近代美術館を非常に特殊な存在にしていると言えるでしょう。ほとんどの美術館、特に近代美術館は、北米の多くの美術館が設立された１９２０年代、街の中心から離れた公園や庭園の中にありました。

メトロポリタン美術館に行ったことがある方なら、近代美術館の創設者たちが何を言いたかったかわかるでしょう。美術館を、空間としての都市との関係から、そのエネルギー、生活、意味を引き出す、街並みに根ざした場所として考えたのです。

「街並みに根ざし、都市に根ざした美術館」という考え方は、まさに谷口吉生が10年前に美術館を再設計し、拡張する際に出発点としたものです。それは、街並みを施設内に取り込み、拡張させるという考え方です。人々が施設内を回遊し、移動するだけでなく、美術館の中心にアトリウムや集いの場があるというアイデアにも反映されています。セントラルパークを、都会の中心でひと息つき、友人と一緒に考え、リラックスするために行く場所として映し出す。だから彼は、近代美術館を「エネルギーの場」としてだけでなく「集いの場」として、そして究極的に「安息の場」として捉えました。美術館の庭が、突然、ゆっくりとした時間を過ごすことができる空間となる。それは美術館が都市の中でできることの本質的な側面だと思います。美術館は非常に多くのエネルギーを与えてくれますが、同時に内省し、ゆっくり過ごすための空間を提供してくれるのです。

また、都市における私たちの役割を理解しようとする中で、私設の美術館であること、そして入場料を徴収しなければならないという現実も認識しています。最近行ったことは、美術館の庭を、ニューヨークの誰もが開館前に来て、彫刻とのひとときを楽しむことができるフリースペースに変えることでした。こうして、美術館がその空間の内側から外へとにじみ出ていくのです。

ニューヨーク近代美術館には、マンハッタンのミッドタウン53ストリートの施設の他、2つの分館があります。マンハッタンのミッドタウンから2・5マイルほど離れたイーストリバーの対岸にある現代アートのセンター、MoMA PS1がその1つです。MoMA PS1が地理的に大変異なる場所にあることは、とても重要です。マンハッタンが密集した都市環境だとすれば、ロングアイランド・シティ、クイーンズは土地が広く、人口構成もまったく違います。近代美術館が国際的な観客が多いのに対し、MoMA PS1の観客層はローカルが多い。近代美術館の観客層は40～50歳が多いのですが、MoMA PS1の観客層は平均25歳くらい。ブルックリン、クイーンズ、スタテン・アイランドといったアウターボロー（マンハッタン以外の行政区）に根ざしています。ニューヨークは1つの行政区というより、むしろ大変入り組んだ地域なのだということを認識しつつ、MoMA PS1からマンハッタンのMoMAを顧みると、私はいつも感嘆してしまうのです。

私たちがロングアイランド・シティででききることの1つは、実際に建築物を作ることです。というのも、私たちの責任の1つに、絵画や彫刻、写真、映画、メディアと並んで建築があるからです。毎年夏には、仮設の建物を作り音楽祭を開き、何千人もの若者を集め、新しい音楽、建築、そして街を違った形で体験してもらうことができるのです。

私たちは、この音楽祭をきっかけに美術館について改めて考えるようになりました。美術館は、伝統的な意味でアートを見るだけでなく、まったく異なる方法でアートについて考えることができる場所でもあるのです。そして、世界中の他の施設とパートナーになることを思いつき、ＹＡＰ（Young Architects Program）と呼ぶ若手建築家プログラムを金沢21世紀美術館とともに展開したのです。

私たちは毎年金沢21世紀美術館と共同で、同じように、チリではサンティアゴのコンストラクトと、最近ではイスタンブールでイスタンブール・モダンと共同コンペを開催しています。このように、近代美術館の理念とそのプログラムを複数の都市で展開します。なぜなら、「都市」というと、特定の1つの場所として考えがちですが、グローバルな世界において、「都市」はデジタルメディアを通じて相互につながっているからです。また、西オーストラリアのアート・ギャラリーやその他多くの機関と共同で展開しているプログラムにおいて、私たちのコレクションや専門知識を共有し、他の機関の知識も学ぶことができます。こうして、「情報の可能性とアイデアの集合体」としての美術館という考えを構築し続けているのです。

１００カ国以上とつながるオンラインの可能性

さらに、大規模なオンライン・コースやＭＯＯＣｓのような教育的な取り組みを通し、この考えを展開していくことができます。私たちは、美術館が一連の活動のハブになるということを学びました。想像とはまったく異なる、より幅広い観客にリーチできるということです。この夏、私たちは最初のＭＯＯＣｓ、教師向けのオンライン・コースを立ち上げました。コース全体を通して1万７０００人の参加者があり、そのうちの66％はアメリカ国外からの参画でした。重要なのは、１００カ国以上からの参加者に接していることです。つまり、1つの場所が放射状に広がり、数多くの場所を結びつけることができるのです。私を魅了するのは、新しい機関や新しい場所が加わり、既存の関係をすべて再構成するたびに、常に自己を再構築するオープンネットワークのようなものです。

美術館がマンハッタン、またロングアイランド・シティにある物理的な場所であり、世界中に広がる一連のプログラムであるとすれば、それはデジタル空間であり、オンライン上にも存在しています。物理的な観客がスペースによって制限されるのに対し、オンライン観客は指数関数的に無限であるということです。

さらに重要なのは、私たち全員が、オンラインでは、リアルなスペースで行うことと同じである必要はないと理解したことです。つまり、美術館のアイデアを取り入れ、それを拡大してもよいのです。そこで、私たちは最近、「オーディオ・プラス」というものを立ち上げました。

これは、単に美術館について学べる音声ガイドではありません。携帯型ソーシャル・ネットワーキング・デバイスでもあり、館内で同時に使用している他の人たちとつながることができます。アイデアを共有したり、会話を始めたり、個々のスペースで会うことを企画したり、写真を撮ってお互いに共有したり、ということができるのです。サービスを開始してから5週間で、50万枚の写真がユーザー間で共有されました。この事実は、街の中でアートについて互いにつながることに飢えているコミュニティが存在するということを教えてくれました。

そのコミュニティは、美術館の中で会話を始めるだけでなく、美術館の外にも広がり継続的な輪となり得るのです。来館者だけであれば年間300万人が訪れるような場所が、オンライン上の会話を合わせると、実際には年間約4100万人の世界的な観客を抱えていることになります。私たちの教育機関は、他の多くの教育機関と同様、ニューヨーク市の全人口よりも広い範囲に及んでいることがおわかりいただけるでしょう。このことは、美術館がその都市の社会構造の中でいかに大きな力を持っているかを浮き彫りにしていると思います。

さて、ここまで美術館が外に向かってつながっていく方法に関して述べてきたので、美術館が都市との関係をどのように変えようとしてきたかについても少しお話ししたいと思います。私たちは、美術館を壁の外に持ち出し、人々がニューヨークを体験する方法に美術館を組み込んでいこうという一連の実験を始めました。数年前に私たちが行った、ダグ・エイケンによる「スリープウォーカーズ」というプロジェクトです。ダグは美術館の外観全体を映画のようなシネコンに変え、5人の異なるニューヨーカーと彼らの想像上の存在について語りました。このプロジェクトは、夜道を彷徨っている人たちに、何か新しく変わったものを見る機会を、そして、ちょっと立ち止まって、自分たちの街、その街がどのように営まれているのかについて考える機会を与えることになったのです。

都市の文化的・知的生活を推進する触媒エンジン

この夏、私たちは美術館近くの空き地を借りて、ベルリンを拠点に活動する国際的なグループと一緒に、「レイン・ルーム」というプロジェクトを行いました。これは、降り注ぐ雷雨の中で、自分だけが濡れずにいたらどんな感じだろうと想像するというものです。美術館の中だけでは不可能な体験を自分たちの街で実現しようと考えたのです。ちょっとしたマジックであり、何十万人もの人々を惹きつけました。ロンドンで始まったこのプロジェクトは、間違いなく世界の他の場所にも広がっていくでしょう。

私たちは、あるプロジェクトを行い、都市の構造に織り込むことができました。ニューヨーカーに自分たちの街について、違った角度から考えてもらうことができたと思っています。具体的に言えば、市民が市民であるという行為そのものを、この施設の中に取り込むことができたのです。そのプロジェクトとは、ローマン・オンダックによる(あなたの)「宇宙をはかる」。その部屋に入った人は誰でも、訪れた日付、自分の身長とイニシャルを壁に刻むことができるというものです。最終的には、美術館にやってきたさまざまな人たちの身長を記した壁ができあがり、それぞれの人物を反映した、特別な渦のようなものができあがります。このプロジェクトで重要なのは、本来匿名であった人々を、個人として施設に刻むことができるということです。そのことで、美術館を利用する人々が美術館を所有することになる、つまり彼らは、壁に飾られた芸術作品と同じようにこの施設の一部になるのです。このように、街を歩いていて何百人もの人々とすれ違うような大きな匿名性を表現する方法で、突然、美術館の中にその一人一人の足跡を残すことができるのです。私は、どんな施設よりも美術館が、より大きな可能性を秘めていることを示唆して結びたいと思います。

都市とは、文字通り1日に何万人もの人々が何か面白いものを見つけ、互いにつながり、芸術とつながり、都市の構造の一部を感じることができる場所、ホームです。同時に、1人の人間がユニークな体験を見つけ、文字通り喜びのために飛び跳ねることができる場所でもあります。大小、個人と大衆、特定と全体的という2つの異なる役割を果たすことができれば、美術館は都市の文化的・知的生活を推進する触媒エンジンのようになります。私は、谷口吉生が私たちのために作ってくれた美術館が、建物の壁から爆発し、そのエネルギーがストリートのエネルギーとなり、ストリートそのものが美術館のエネルギーとなる――このイメージが好きです。このように、近代美術館のような場所は、本質的に都市の施設であり、都市のより大きな知的生活の一部となるのです。

［2013年実施］

森美術館セッション3

創造的都市と生活の未来

ニコラス・セロータ
（テート館長）

劇的に変化した都市における美術館の役割

森美術館、そして六本木ヒルズの10周年をここで祝えることをうれしく思います。森稔氏がル・コルビュジエへの愛からインスピレーションを得て創り上げた素晴らしいビジョンは、すでに東京の宝物となっています。

テート・モダンは、美術館の長い歴史と伝統の中にありながら、実は誕生してからまだ13年しか経っていません。美術館という存在は、常に学びと研究、展示の中心であると同時に、非常に強い市民的役割も担っています。その役割は、ここ20～30年で劇的に変化しています。来館者の数、そして彼らが求める体験の種類という点で、60年代から加速度的に変わってきたのです。それはパリのポンピドゥー・センターの誕生により、特に建物と街の関わり方においてさらに加速しました。そして、90年代後半にオープンしたビルバオのグッゲンハイム美術館により、スペインにおける新しい美術館の爆発的な増加に注目が集まり、都市再生のモデルが確立されていきました。

２０００年にテート・モダンが開館したとき、その野望とは、ロンドンに初めて本格的な近代美術館を創設すること、ロンドンの新しい地区に新しい美術館を創設することでした。その場所はタービンホールで、市内の中心部に位置しているにもかかわらず、それまで放置されていた場所でした。そして、私たちは美術館の中に新しい空間を作りたいとも考えていました。このタービンホールのイメージ図から、セント・ポール大聖堂の向かいで、川沿いの、まさに街の中心に建っていることがわかると思います。これは25年前のバンクサイド発電所の様子ですが、19世紀の小さな通りで成り立つ中世の街の構造全体が、工業的規模の導入により壊され、その後、鉄道、広い道路、オフィス街の建設によって強化されていったことがわかります。

タービンホールはテート・モダンが他の美術館とは一線を画す、産業的に手を加えていないスペースです。アーティストにインスタレーションを制作する機会を与えるスペースとして提供してきました。２００３年にはオラファー・エリアソンが、２００６年にはカーステン・ヘラーが、イマーシブ（没入型）なインスタレーションを発表しています。このイマーシブインスタレーションは、空間と呼応し、個人個人が自身のアイデンティティを探究し、また他者との会話の中で自身を発見するような社会的体験を可能にし、人々が芸術作品に関わることを促してくれます。

この10年、テート・モダンの観客は増え続け、展示形態に対する観客の反応から、ただ見るだけではなく、議論し、他者と関わるというさまざまな体験を館内で提供する方法を考えるようになりました。年間５００万人以上の来館者があるため、既存のスペースも圧迫されてきており、新しい時間基準となる芸術領域を見せられるスペースを必要としています。

ご存じの方も多いと思いますが、私たちは現在、増築を進めており、昨年は短い会期でしたが、新しいセクションを１つオープンしました。地下にあるこれらのスペースは、以前は発電所の石油タンクでしたが、現在はインスタレーション、パフォーマンス、会話、対話、ディスカッションの場としてのスペースに改装されています。２０１２年の夏、最も成功したイベントは、16歳から24歳の若者たちが企画した「アンダーカレント」というカンファレンスでした。アーティストやパフォーマーを招き、このスペースをさまざまな方法で使ってもらいました。このような新鮮な発想とアーティストの反応こそが、未来の美術館を発展させていくうえでの原動力となるのです。

これはチャールズ・アトラスがこのスペースで上演している映像です。彼の作品は、60年代にコンテンポラリー・ダンスの概念を根本的に変えた伝説的なダンス・カンパニーの振付師兼ディレクターであった、マース・カニングハムへのオマージュでもあります。カニングハム自身、それ以前にテート・モダンで公演を行ったことがあり、石油タンクで上演されたこの作品には、カニングハムがタービンホールで公演したときの記憶が刻まれているのです。

テート・モダンの増築に関する取り組みを考えるにあたり、10年前に話を戻さなければなりません。２００1年にこの建物を1年間使用し５００万人以上の来館者を経験した後、私たちは、この場所が川に面していながら、街の他の部分とつながっておらず、陸の孤島であることに気づきました。そこで、テート・モダンから、ロンドンの中でも特に放置されているエレファント&キャッスルへと続くルートの調査をリチャード・ロジャース&パートナーズに依頼しました。私たちは、テート・モダンから南へ、主要な大通りと流通ポイントへのつながりを確立することを切望しました。ロジャースが作成した計画では、比較的少ない介入によって、そのつながりを非常に強化できる可能性があることを示唆していました。例えばこの計画では、建て替えが予定されていたオフィスビル群があるのですが、私たちはその計画当局を説得し、この両矢印が見える場所で区切り、サザークストリートからテート・モダンまでの歩行者専用道路と眺望を確保し、ビルを街の流れに沿わせることに成功したのです。このような介入は、地域社会に対する美術館の伝統的な役割をはるかに超えたものですが、美術館が地域社会全体の利益のために影響力を持ち行使することができることを示唆しています。

新しい開発と既存の都市空間とをつなぐ

豊かで成功したロンドンと、その南に位置する貧しいバンクサイド発電所やサザークの間に、テート・モダンは位置しています。２００３年、私たちはウィザーフォード・ワトソン・マン・アーキテクツという新しい建築事務所を招き、ロジャースの調査に基づいた提案を検討してもらいました。完全に都市化され、ほとんど樹木のないこの地域に、「バンクサイド・都市の森」という、思いもしなかった美しい概念を彼らは打ち出しました。彼らの計画は、鉄道の下を通る高架橋や小さな通りを利用して、鉄道の建設によって寸断された南側を通る既存のルートを再開し、強化することでした。彼らはまた、未開発で未建築のまま残っている都市構造の小さな部分に再注目し、小規模な介入を行うことで、その地域の生活環境全体を改善できないか検討しました。

この高架橋近くにある、狭い敷地に立つ、さびれたカフェをご覧ください。ウィザーフォード・ワトソン・マン・アーキテクツは、このカフェをより公共性の高いスペースに変え、1年のさまざまな時期・天候に対応できるようにしたのです。また、この土地に小さな果樹園を作り緑化を図ったり、テート・モダンに近い歩道の端にあるこの小さな土地を、アーティストのヘザー・アンド・アイヴァン・モリソンとのコラボで再設計したりしました。

周りには、すぐに新しいビルが建ち並びました。リチャード・ロジャース&パートナーズによるこのビルは、植栽し、地上階にはショップやカフェを併設、上層階には居住用のレジデンスを設けることで、都市から人間的な規模へと変えたのです。こちらはテート・モダンの航空写真と再開発・拡張計画です。左側に見える4つの菱形のビルがロジャースのタワー群です。

テート・モダン、ガラス屋根のタービン

ホールが見え、そして南西には石油タンクの名残りの上にそびえ立つ新しい増築部分が見えます。これは10日前に撮影されたもので、中央のコアを囲むようにピラミッドがあり、ギャラリーや教育・社交スペースが設けられています。これはアルド・タンベリーニによる作品の画像で、これらのスペースを利用して、石油タンク内で上映される映画のプログラムもあります。

そしてこれは、石油タンクの中で最初に上演された、アンヌ・テレサ・ドゥ・ケースマイケルが20年前に生み出した作品で、新しい世代に向けて再演しました。美術館とは、単に壁やギャラリーに展示されるオブジェとしてのアート作品を保存するだけの場所ではありません。パフォーマンス、ダンス、ビジュアル・アートの領域にある非常に重要な作品を再演するために必要なリサーチも含まれます。私たちは、アート、フィルム、ダンスシアター、そして朗読など、作品の相互関係を探究し、それは単に静的なビジュアル・アートにとどまらず、これらすべての分野を網羅するようになってきています。グレンは、MoMAが過去5年間、インターネットを通じて世界中の学校とさまざまなプログラムを開発し、共有してきたことを述べましたが、同じようにテートもタービンホールの経験をもとにプログラムを作り、世界19カ国の学校で毎週4万人の若者に届けています。これこそまさに、21世紀における近代美術館のあり方であり、この後のパネルディスカッションで、こうした点やそれ以外について議論できることを楽しみにしています。

［2014年実施］
都市開発セッション
2025年グローバル都市のヴィジョンを描く：
繁栄と住みやすさの新たな定義

ニューヨークにおける都市戦略と新たな価値

ヴィシャーン・チャクラバーティー
（コロンビア大学大学院 准教授／Partner, SHoP Architects）

森記念財団都市戦略研究所主催の都市開発セッションでは、「10年後のグローバル都市はどのような姿になっているのだろうか?」というテーマで、ロンドン、ニューヨーク、パリ及び東京の都市計画や建築の専門家たちが、自らの都市におけるプロジェクトや政策を具体的に解説しながら、2025年のグローバル都市のビジョンについて活発な議論を展開した。

・複雑性の時代

都市は、まさに地球規模の救済の場所であると言える。都市は、繁栄、持続可能性、社会的変化という点において、私たちにとって役に立つものである。特に高密度な都市に住む人々は、私たちが生きる時代の複雑性に圧倒されている。世界は常に複雑な場所であり続けてきたが、現代においては、技術の進歩によって、世界の複雑性や、遠く離れた世界を、かつてない方法で見ることができるようになった。

・地球という惑星にいかにして住むか

現在、70億の人間が地球という惑星に散在しながら住んでいる。もし、その70億のすべての人が3階建てから4階建てのテラスハウスに居住すると想定した場合、1ヘクタール当たり75ユニットを建てるだけで、全人類がアメリカのテキサス州に収まる計算になる。すなわち、どのような密度で居住するかということが、将来の世界を決めることになる。もし人類がもっと高密度に住むことになれば、CO_2排出量を削減させることができ、より良い地球を作り出すことが可能になる。一方、都市の高密度化や集積化は、匿名状態や無個性化をもたらし、人々に不安を与えるということもわかっている。

・美しさ

人々は世界の中で彷徨っている。特に真の「美しさ」への理解という意味においては、完全に道に迷っている気がしている。21世紀そして22世紀において、「美しさ」を通じて人々が世界の複雑性をいかに許容することができるかということについて論じたい。こうしたことを考えるとき、私たちは、もはや1人のスーパー・ヒーローとしての建築家を必要としていない。今私たちに必要なのは、特別なスキルを持った専門家集団である。私たちは、さまざまな志向、人種、スキルを持った人々を必要としている。彼らは「美しさ」を与えると同時に、複雑性を垣間見るレンズを与えてくれるのである。

・ネットワーク型都市

私たちは、水平に拡大しながら、科学技術、風車、ソーラーパネルを使って、20世紀型の都市モデルの問題を克服しようとするべきではない。むしろ、空間を高密度に使い、自然は自然のまま残すような都市の使い方をするべきである。自然へのアクセスは主に列車によって、よりダイレクトにできるようにしていくべきである。同時に、かつてのハブ&スポーク型都市が、急速に変化していることを理解している。郊外に住み、都心のビジネス街に毎日通勤するといった考え方は急速に変化してきている。技術の進歩のおかげで、人々はネットワーク型都市ということを考えることができるようになっている。そのモデルにおいては、大都市にも、人々が地域を超えて住み、働き、遊べるようなエリアが群島のように存在している。

・ドミノ・プロジェクト

私たちは、マンハッタンの外側の10キロに及ぶ地域を再発見しようとしている。この地域は、ドミノ・プロジェクトと呼ばれ、ブルックリンの新しいウォーターフロントの一部である。私たちは、この地域の小規模な部分から都市の複雑さを非常に慎重に解釈しようとした。まず、橋や工場という規模から考え、そののちに高層建築のスカイラインという規模を検討した。地域の建設という意味においては、建物がどのように街路と交わるのかということが、決定的に重要である。ハイテク産業の85％の雇用は昔ながらの建物で創出されていることがわかった。人々は高層ビルというより、こうした戦前の古い建物にいたいと思っているのである。彼らは一味違った職場環境を求めている。これこそ、私たちがニューヨークに作ろうとしているものである。私たちは、ブルックリンに新しいスカイラインを作ろうとしている。ブルックリンはニューヨークの歴史における、新たな物語になろうとしているのである。

・バークレイズ・センター：市民の喜び

バークレイズ・センターはアメリカ初の駐車場を併設していないアリーナである。そこには1台分の駐車スペースすら設けていない。建物はコルテン鋼でできているが、それを可能にしたのはコンピュータである。コンピュータでデザインされ、そのデザインがダイレクトに金属加工業者に送られて製作された。この種の都市建設の重要性は、それが、都市の大切な一部分であり、古いものと新しいもの、高いものと低いものを統合する役割を持っているということである。それが都市の集約化を語るうえで非常に重要なことである。人々はその場所が持つ肌触りを感じるとともに、ある種の喜びを覚えるものである。おそらく、こうした建物は、複雑性の時代において、私たちがどのように住むべきかということについて考える機会を与えてくれるのである。

［2022年実施］

プログラムコミッティセッション

web3がもたらす社会変革

伊藤穰一

（株式会社デジタルガレージ 取締役 共同創業者 チーフアーキテクト／
千葉工業大学変革センター センター長）

7000年前に「会計」が生まれ、web3につながった

web3については、歴史の文脈の中での話をしたいと思います。web3は会計のレイヤーであり、会計はある意味でテクノロジーでもあります。

7000年前のメソポタミアの都市シュメールで使われていた粘土のタブレットが、最初の会計、簿記と言えます。会計が発明されたことによって、中央集権で都市の資産を管理できるようになり、何万人もの規模の都市がメソポタミアに生まれたわけです。

次に、600年から700年くらい前にイタリアの商社が、紙とペンで複式簿記を作りました。また、賭博好きの数学者の確率論や統計の研究から、保険や金利というファイナンスが生まれました。金融や複式簿記のバランスシートによって、中央集権ではなく多くの人たちが投資家を集められるようになりました。そして株式会社が生まれ、資本主義というものが生まれるわけです。

現在の会計システムは、この当時の複式

簿記、損益計算書(PL)と貸借対照表(BS)からあまり進化していません。ファイナンスというレイヤーではイノベーションが生じていますが、会計のレイヤーではあまり起きていません。また、何でも数字に落とし込んでしまうのが、今の会計システムの特徴です。例えば「明日雨が降ったら1億円あげる」と私が竹中さんに約束したとしましょう。確率が50%の場合、会計上は5000万円の価値となりますが、実際には1億円か0円で5000万円ということはありません。このように実際には複雑で不確実な情報も、必ず「確実な数字に落とし込む」というのが今の会計のシステムなのです。また、すべてを円やドルという単位で計算するために複雑な情報を捨ててしまい、多様な関係性や視点が失われています。例えば環境破壊、貧富の差の要因の一部は、とてもシンプルな世の中を想定し、そこに向けて最適化していくことで、複雑で多様な人間のシステムをモデル化できていないことにあります。

ブロックチェーンとweb3を考えている人たちは、こういう複雑な要素も管理できるよう会計システムを変えていこうとしているわけです。ブロックチェーンとは、世界の誰もが見たり書き込んだりできるものの、過去からの取引履歴を誰も改ざんできない台帳というイメージです。管理しているのは国でもなければ個人でもありません。データベースは国や大学など設置場所が必要で、そこの人が管理しなければなりませんが、ブロックチェーンは誰でも書き込んだり見たりできる公園の掲示板のようなものです。ブロックチェーンに書かれている数字が合っているかどうかは、銀行でお金を数えて、みんなで数字合わせをするように、みんながバリデーター(妥当性の確認者)となって確認します。

ブロックチェーンに書き込むときには、手数料がかかります。何かの取引を行ってブロックチェーンに書き込みたい場合は、掲示板のある公園の賽銭箱にお金をチャリンと入れるイメージです。すると、書き込んだ数字を正しいと確認してくれる人たち(管理している人たち)にそのお金が配当されます。今の会計は、会社の監査法人が会計を株式上に出してみんなで確認するのでエネルギーがかかるのですが、これがブロックチェーン上でできるようになります。ブロックチェーンには決済履歴だけでなく契約書やプログラムも書き込めます。先ほどの例で言えば、「明日雨が降ったら1億円あげる」という契約書、雨が降ったかどうか確認できた段階で、お金が直接振り込まれるというプログラムを書き込むこともできます。世の中は圧倒的に変わっていくと思います。

web3で一番使われているのはイーサリアムというブロックチェーンです。彼らのアニュアルレポートには、自分たちのことが「人間のコーディネーションのプロトコル」だと書かれています。たしかに、メソポタミア文明の中央集権でも、会計は人々の活動をコーディネートしていました。ただし今までの会計は経済の中で動いているものの管理をしていましたが、これからは、お金に換算できない、例えば炭素やSDGsなど、複雑で管理できなかったものを、ブロックチェーン上で管理できるようになります。さらにAIや新しいデジタルテクノロジーも入り、標準化が進めば、今の会計よりさらに複雑な管理システムができてくると思います。これが1つの大きな視点です。

ｗｅｂ3が民主主義や経済にインパクトを与える

　ｗｅｂ3は、ブロックチェーンを中心とした新しいサービスやテクノロジーです。データベースで代替できるのではないかと言われますが、所有者やアクセス権を決めなければならないデータベースと違って、ｗｅｂ3はオープンで圧倒的に透明性が高く、できることが違ってきます。ｗｅｂ3は標準化のプロセスもオープンでできます。圧倒的に透明性が高いこと、情報が開示されていることは、民主主義にとっても経済にとっても大きなインパクトになると思います。ただ解析のツールが足りないので、透明性の次のステップとしてこの点が重要です。数字の透明性に加えてプログラムが可能だということも特徴です。間に弁護士が入らなくても契約内容がそのままデジタル上で実施されるようプログラムしたり、お金を入れると必ず物が届くというツールを作ったり、技術的に詐欺を不可能にしたりするなど、今は法律で対応している部分にプログラムで対応できるようになります。こうして組織的にさまざまなツールをプログラム化していく先に新しい組織が生まれます。それが「非中央集権型自律分散組織＝ＤＡＯ」という概念です。

　少し事例を出したいと思います。Ｅメールアドレスが出てきた当時、10年くらいはＦＡＸでいいじゃないかと言われてメールアドレスを持つ人が増えませんでした。ＣＤを1枚ダウンロードするにも1日かかりましたが、不便でも使い続けることでNetflixのような便利なものの誕生につながりました。ブロックチェーンも同じで、今は高くて使いにくいところがあっても、普及することで良いものになっていくと思います。今、ｗｅｂ3はＮＦＴや暗号通貨の投資など限られた人しか興味のない分野かもしれませんが。

　少しＮＦＴの話をしましょう。2021年3月、ビープル（Beeple）の絵が6900万ドルで落札され、アート業界をびっくりさせました。さらに、このＮＦＴアートを2次売りするときにはアーティストにロイヤリティが入ることになっているので、デジタルアーティストにとって新しいビジネスモデルだということで話題になりました。

　ＮＦＴと暗号通貨との違いは、暗号通貨では個々の通貨の価値はすべて同じですが、ＮＦＴでは1個ずつ違うものを発行できることです。ＮＦＴアートで一番流行ったのがコレクション系、有名なのはBored Ape Yacht Clubという猿の絵です。1個ずつ特徴も価値も違いますが、これを自分のソーシャルメディアのプロファイルなどに用いるのが最初の使い方でした。これはTwitterの私のプロファイルページです。普通プロファイルは丸ですが、自分が持っているＮＦＴをプロファイル写真にすると六角形になる。六角形ということは、自分がこのＮＦＴの正当な所有者であることをTwitterが（ｗｅｂ3上のブロックチェーンの記録を見て）証明してくれているということです。今、あるメッセージアプリでスタンプを買っても、他のアプリでは使えないと思います。けれど、ＮＦＴの場合は公園の掲示板に誰が何を持っているか全部書いてあるので、どこで買ったＮＦＴでもどこでも使えるというのが特徴です。

　またBored ApeのＮＦＴを持っていないと行けないパーティーや、参加できないプログラム、持っていないと買えない物などが出てきています。Bored Apeを持つ人のコミュニティが生まれて、ゴルフ会員権のような使い方で、持っている人たち同士で価値を上げるような動きも出てきています。

最近こういうパーティーなどコミュニティ活動の中で、メタバースも始まっています。

Bored Apeを持っている4500人が、このメタバースの中で立体的な体験をし、メタバース内の土地をNFTにして売るなどしています。このBored Apeのプロジェクト全体で見るとBored Apeの発行、第三者割当増資、メタバース内の土地の販売で1000億円以上のお金を調達して、このメタバースの中のワールドを作っています。つまり、Facebookやマイクロソフトと競争するようなプロジェクトを、このアートのプロジェクトが作っている。ミッキーマウスからディズニーワールドになったのと同じように、絵から入ってプラットフォームに行くというのがweb3的な特徴だと思います。

こういう会社が日本でまだ出てこないのは、法律的には規制されていること、技術がわかっている人たちがゲーム業界にはいてもコンテンツを作る業界にいないことが大きいと思います。今のところ、アートをNFTに貼り付けて、マーケットで売るようなシンプルな使い方しか出てきていません。

NFTはアートやエンターテインメントのお金儲け以外に証明書としても使えます。私がいる千葉工業大学では学修歴証明書にも使っています。学修歴の規格は全部オープンで、確認するソフトウェアもオープンソースなので誰でも使えます。私がMITにいたときのチームが作ったのがこのプロトコルで、今ハーバードなどいろいろな大学が使っています。例えばベトナムからの技術者を受け入れる場合、ベトナムの大学に導入してもらうことが考えられます。学修歴証明書を確認するソフトウェアもオープンソースなので、森ビルの人事部が学修歴証明書を見られるようにしたいといった場合はそのソフトウェアがそのまま使えます。複数の大学が中立の学修歴証明書のサイトを作って中央で管理しようとすれば、組織を作るエネルギーやコストは膨大です。それが1週間でできてしまうのが、このweb3の特徴です。

非中央集権型自律分散組織＝DAOが社会を変える

最後は非中央集権型自律分散組織＝DAOです。DAOはブロックチェーン上でみんなが何をして、どういうお金があって、どういう動きがあるかというのが全部見えるので透明性が高い組織です。いろんな人たちが参加できるグローバルな組織で、組織を作るコストも安く、設立も簡単です。トークンという株のようなものを発行することもすぐできます。web3のウォレットが使えるので銀行口座もいりません。弁護士・会計士・銀行口座がなくても組織ができるので、今まで組織作りが難しかった小さな市町村のプロジェクト、初期段階のベンチャーなどが使っていくと思います。

従来の会社組織には投資家と経営陣がいましたが、ベンチャーキャピタルではストックオプションを通じて一般の社員も利益を得られるというイノベーションが起きました。DAOは株ではなくて通貨みたいなトークンを発行します。トークンは発行後に第三者割当はできません。自分が持っている比率は希薄化されないということが保証されますので透明性が高いです。最近よくある例は、プロジェクトを立ち上げて、お客さんに半分ぐらいトークンを配るケースです。お客さんも投資家と同じく儲かるし、その会社のプロジェクトにも参加できるのです。今、どんどん市町村で実験が行われています。例えば岩手県の紫波町が町議会を通してＤＡＯをやっていますが、ふるさと納税でいくら入ってどう使われたかなど、全部透明にできるのでとてもわかりやすいです。ｗｅｂ３は市町村や民間と国のコラボレーションでも使われていくと思います。

　私のPodcastのコミュニティでも、お金で売買できないトークンを発行しています。掲示板でコミュニティがやってほしいことをボランティア募集し、終わったらみんなで確認します。1時間の作業に対してコミュニティトークン１００HENKAKUがもらえます。そのトークンを使ってこのコミュニティのＮＦＴが買えるんです。このコミュニティはクローズドなので、新しいメンバーになりたい人は「メンバーシップＮＦＴ」を手に入れなければなりません。これは、10時間のボランティアに相当するＮＦＴでお金では買えません。新しい人をコミュニティに招待するにはボランティアを10時間する必要があります。このシステムは全部ソフトウェアで書けるので、事務局が不要です。任命委員会も会計士もいなくて全部自動です。法律がまだ通ってないのでお金に換算できないトークンですが、ステーブルコイン法が来年6月頃にできるので（２０２３年6月：改正資金決済法）、実際にお金を入れられる仕組みになります。

　ＤＡＯのガバナンスを解析する不確実性コンピューティングや、ディスカッションをみんなでファシリテートするＡＩのシステムもできつつあります。また、投票権を自分よりちょっと詳しい人に委任するデリゲーションというシステムがあります。経済なら僕は竹中さんに委任し、別の分野について竹中さんはその分野のエキスパートに委任するというように、最終的に一番わかっている専門家に投票が全部集まり、その人たちが議論するという仕組みもできてきています。

　岸田総理は当初、「日本からｗｅｂ３だ」と宣言していました。海外ではｗｅｂ３バブルに巻き込まれてＦＴＸという交換所もつぶれるなど、世界的にｗｅｂ３に対して冷めている状況だと思います。日本というのは、信用できて、しっかりしているけれど動きが遅い。けれど実はこれはパーフェクトで、日本の大企業がちょっと遅れて入ってきて、信用できるきちんとしたｗｅｂ３を作れば、世界をリードできるのではないかと思います。２０２３年ぐらいから、この辺を組み立てていくタイミングだと考えています。

［2022年実施］
プログラムコミッティセッション
アートの知られざる役割

南條史生
（森美術館特別顧問）

見る側の視点の中にアートがある

私の役割は、アートとその他諸々の社会現象、都市の問題とその関わりを論じることかと思います。アートというと、皆さん趣味の問題、個人的な問題であると思ってらっしゃる。しかし今、アートは１つの産業に育っています。そして社会と非常に深い関わり合いを持って進んでいるということが言えます。

ＩＣＦにはこれまでたくさんの文化関係者、芸術家、デザイナー、その他の方々をお呼びしていろんなお話を聞いてきました。その多くの方々がジャンルを超えた活動をしているので、分類しようと思うとなかなか難しい。つまりアートも含めた異分野との境界線上で多くの発見・発明がなされている。そこに新しいイノベーションの可能性があると考えられます。そのような文脈を踏まえながら、今アートはどのようなものなのかを述べてみたいと思います。

まずアートの小さな短い歴史を紹介しましょう。１９１７年、ニューヨークでマルセル・デュシャンというフランス人アーティストが「泉」という作品を公募展で発表しました。その作品は男性用便器を横にして台座の上に置き、これにR.MUTTというサインをしたものです。しかし、この作品は審査で拒否されました。彼は審査員の1人でもあったので、「これをアートとして認めるべきだ」という議論を巻き起こしました。男性用便器を通常の機能から切り離して台座の上に載せると、これは異様な形をした彫刻に見える、と彼は言いたかったのでしょう。これを彫刻、アートであると認める意味で「その視点の中にアートがある」ということを言ったんですね。つまり、手で物を作らなくてもアートは成立する。ありふれた日用品を選んだその目の中にアートがあるのだ。アートは日常的な事物でも作れるし、それが主題になってもいい。また、彼は「アートの意味の半分は観客が作る」、つまり観客側にアートが存在していると言いました。デュシャンのこうした既製品によるreadymadeと言われている作品群が淵源となり、今の現代美術の多くのアイデアがあると言えるのです。

例えばこれはアンディ・ウォーホルのマリリン・モンローを描いた作品です。これはポップアートの非常に代表的な作品です。マリリンの画像は新聞の写真から取ったと言われています。つまり既製品であり、転写したものです。そして日常的な題材をズバリと主題にしている。さらに「これが我々の現実だ」と言う。このような考え方はデュシャンがいなければ出てこなかったかもしれません。

左の上はミニマル・アートのドナルド・ジャッドという作家ですね。余計な装飾や物語は切り捨てて、切り詰めて、この形になった。そして、そうなれば誰にとっても普遍的に美しいだろうということを論じている。このように少ないことが良いことだ（Less is more）という考えも1つの潮流になりました。デュシャンの概念的なアプローチが基礎にあるかと思われます。

写真の２つの作品は、コンセプチュアル・アートと呼ばれています。上の作品はジョゼフ・コスースという人ですけれども、真ん中に何気ない椅子が置いてあり、左側にはその椅子をこの場所で撮った写真があります。そして右側には辞書にある「椅子」という言葉の定義文字が書かれている。つまり言語的な定義、イメージとしての椅子、現物の椅子が３つ並んで提示されている。このような方法で「椅子とは何か？」という哲学的問題を惹起するわけです。

下の作品は河原温という日本人の作品です。１９６６年からずっと日付を書いた絵画だけを描き続けた。朝行ってキャンバスを自分の手で作り、そこに日付を書いて箱に入れてまた戻ってくる。こうした禅僧のようなやり方で、自分がいた場所と日時を証明していく。これは1人の人間の実存がテーマだと考えられるわけです。

このように哲学的言語的な問いが核になっているアートもデュシャンがもとになっている。

さらにテクノロジーがどんどん進みます。テクノロジーというのは、アートにとっては筆や絵の具と同じですから、いろんな新しい作品を生み出すことができる。右の上の作品は、バイオテクノロジーの組織培養という技術を使って、ゴッホの耳を作り出している。もとは人間の細胞から作ったもので液体の中で生きている、そういう物もアートとして登場してくる。

下はチームラボが作ったお台場の「ボー

ダレス」会場で、1万平方メートルのスペースがデジタル技術によるプロジェクションで取り巻かれており、それがインタラクティブに人と反応するようになっている。これはもう絵画を鑑賞するという話じゃない。体感するというアートです。こうしたアートを没入型のアート、イマーシブアートと呼んでいます。メタバースが実現化しているようなものです。

総合的な思考力「アートシンキング」

ではいったい、アートを定義する方法があるのか。よく使われるのが「アートはもはやコンセプトである」という言い方です。絵を描くからアートじゃない、彫刻だからアートじゃない。それをやればアートになるという話ではなく、コンセプトが問題であると。逆にコンセプトがあれば形がなくてもアートになる。つまり「ものの見方」が重要だという話が出てくるわけです。

さらに進むと1960年代から1970年代に活躍したドイツ人のアーティスト、ヨーゼフ・ボイスという人がいます。ボイスは巨匠であり、教祖ですが、基本的にはその淵源はまたマルセル・デュシャンに戻ると思います。彼が言った重要な言葉の1つに「社会彫刻」という表現があります。アーティストは絵を描けばいいのではない、社会を変えていくこともアートだと、社会の革新、革命の主張に近いのです。すると郵便配達人でも、ジャガイモの皮を剝く人でもアーティストになれる。そのやり方が自覚的でクリエイティブであるならば、それはアーティストだと言ったのです。「社会変革」ということが非常に大きな内容になっているわけです。

今、ビジネスではアートシンキングが大事だと言われています。ちょっと調べてみました。「企業のニーズ、不確実性が高まる中で、総合的な視点でビジネスを見直す力」がほしい、「ビジネスの目標を再考する創造性」がほしい……。目標を再考するということは「1000万円稼ごう」など、単純な目標でビジネスをする時代ではないということでしょう。持続可能性に対してどういう影響があるか、そこまで考えて目標を作りましょうという時代になってきていて、「目標の再考」こそが非常に重要になる。もちろん教育、人材育成ということもアートの非常に大きな役割です。どんな目標を立てるかということです。

アートも同じです。アーティストは誰からも依頼されていない作品を、勝手に生み出すわけです。お金にならないかもしれない、でもこれは重要だと思うコンセプトで作品を生み出し続ける。そのときの目標は、単純な経済効率とは異なり、目標設定は自分の内側にあります。そしてそこがデザインと違うのです。

しかし、よく考えてみるとビジネスとアートだけでなく、こうしたニーズは、あらゆる分野で必要とされています。教育、経済、技術、介護、社会的な問題の多くはアーティスティックな創造力と結びつくことが必要であり、また可能なんじゃないかということです。日本には問題がたくさんあります。

先日プレセッションをしていただいたエマニュエル・トッドさんと話しました。彼は日本に対して、「人口問題を解決しないと日本の未来はない」ということを強く言っていました。少子高齢化の問題は、当然介護問題にも労働問題にもつながる、またエネルギー問題、資源問題、環境問題にもつながる。全部が連関して、つながっている1つのエコシステムとして解決を考えなきゃいけない。それには総合的な思考力が必要になる、これこそアートが直感的にやってきたことです。

ICFの出発点を振り返ってみました。10年前、大量生産時代の日本の経済の強さはとっくに失われた、では日本は何をすればいいのかというときに、「創造産業＝クリエイティブインダストリー」しかないと感じました。東京はその最も重要な拠点になるべきであり、アジアの中で際立って見えなくてはいけない。やはり芸術、文化で突出するべきだと考えます。他のアジアのどこの都市よりもクリエイティブで文化的な街というイメージを打ち出すべきだと思います。それに惹かれて多くの人材も投資も外国から集まるでしょう。

そのような観点に立つと、それはライフスタイルの問題ということにもなってきます。ライフスタイルは当然変わってきています。10年間いろんな方の提案を見てきましたけれども、新しい科学技術が出てきて、生活を支えるインフラから、車も変わる、ロボットも出てくる、アートも変化する、バイオテクノロジーで子どももデザインされるかもしれない……など。生き方の選択肢がどんどん増えていくでしょう。はたして人間に善悪が理解でき、正しくコントロールできるものなのかと、大変危惧を持ちます。しかし、誰にもそれは止められずいろんな変化が同時並行で進むだろうと私は感じています。

アートの力がビジョンを描き、未来を拓く

これは私が2019年に開催した「未来と芸術展」という展覧会で発表された作品の一部です。左上は蜘蛛の糸と同じ強靭さを持つ新しい繊維を使ったファッションで中里唯馬さんの作品です。真ん中にある不思議な子どもみたいな彫刻はパトリシア・ピッチニーニというオーストラリアの女性作家が作った生物。バイオテクノロジーを使うと、将来子どもはこんなふうに環境に対応して別の生物のようにデザインされるのではないか、という精細な彫刻です。右は演奏会で指揮棒を振るロボット。上はオランダのアーティストの人工的に作られた肉で、その人工肉を使ったレストランでは、もう予約を取り始めているそうです。

こうしたライフスタイルの変化は、都市にどういう影響を与えることになるでしょうか？　2つ大きい問題があると思います。1つは持続可能性。つまり都市を作っている建築、大きな基盤システムが何でできているのか、素材の問題とエネルギー効率、人の動く効率、そういうものすべてが持続可能性の問題として集約されるだろうと思います。もう1つは都市の存在意義という意味です。ライフスタイルによっては都市の外に住む人が増えてくるかもしれない。また両方に住む人が非常に増えているという現実もあります。この集合と離散、分散、移動ということが都市の存続を決める非常に重要なファクターとして存在してくるのではないかと考えられます。

世界ではいろんな都市が提案されています。これはポメロイ・スタジオが作っている海上都市で、ユニット上のブロックをどんどん増やせる。「0エナジー」とあり、自給自足型のエネルギー供給で可能という

ことでしょう。こちらはパリのウェブサイトに出ている2050年のパリの画像です。パリは、このように緑で覆われた建築によって埋め尽くされた新しいパリという都市像を描いている。

これはサウジアラビアのNEOMです。真ん中にある1本の線のような物は170キロのラインでできている未来都市です。全長170キロ、高さ500メートルのガラスの壁に挟まれた都市で、端から端まで20分で移動できるのですべての物はすぐに手に入る。要するにブロックごとに異なった街ができているのです。(動画)私はこれが良いと思ってお見せしているわけではなく、こんなことは不可能かもしれない。しかし、こういう物を構想して発表していること自体に意味があると思うのです。

最後に、火星の家です。NASAは火星に建てる家のコンペを行っています。いつか人は宇宙に出ていくだろう、そのときに住むハウジングがどうなるのか、ということなのです。地球からすべての物を持っていくことはできないから、火星にある土や泥を使って3Dプリンターで家を作り、その中に地球環境を再現する。その方法はどうなるのか、どんな形の家になるのかという研究をしているわけです。

アートがもたらすもの。それはこういう、できるかどうかわからないけれど、いつかしなければならなくなるかもしれないような人間の生き方、環境問題に対しての1つのソリューションとしての考え方、世界平和のための人間的な解決法、夢のようなファンタジーとしての思考のし方などを構想する力ではないでしょうか。これがアートの力です。大きなビジョンを描き、それに向かって未来を作っていく。そして目標の転換です。今までと同じような目標を掲げて生きていては新しいビジョンは達成できません。考え方を変え、多様なソリューション、多様なやり方を認める必要がある。そのためには多様性を受け入れる社会が必要になるでしょう。つまりアートというのは、絵と彫刻のことではなく、ものを考えていくときの非常にフレキシブルな創造力、そして方法論だということなのです。

では都市を作るとはどういうことだろうと、私はもう一度考えました。アートに具体的なことはできない。しかしビジョンを描くことはできる。そのビジョンは何に基づくべきなのか? それは、そこにいる人の生き方がどうなっていくのか、ということに対する深い洞察だと思います。この洞察をもって、都市をデザインする。誰にそれができるのか。住んでいる人たちだけではないでしょう。未来を構想することのできるアーティスト、そして志を持って未来に立ち向かう人々が、議論し、活躍する場が必要です。それが最終的には人間を幸せにする。アートというのは、皆さんが考えているよりも、深い意味で未来を拓くことが可能なのだ、と申し上げ、私の話を終えたいと思います。

ICFが見据える「都市の未来とは?」
10年間の軌跡を振り返る

PART 3

対談

［2022年実施］

プレセッション
我々はどこから来て、今どこにいるのか？

南條史生 × エマニュエル・トッド
（森美術館特別顧問）　（歴史人口学者）

ロシアのウクライナ侵攻はマイノリティ文化の台頭

南條　この10年間、ＩＣＦを開催してきました。その趣旨は、多様な専門家と都市、社会、科学、テクノロジー、ライフスタイルがどうなっていくのか、ということを議論することでした。さて今回は、昨年オンラインでキーノートスピーチをしていただいたエマニュエル・トッドさんに直接お話をうかがいます。

日本にいらっしゃったのは、今回のトークと同じタイトルである『我々はどこから来て、今どこにいるのか』というご著書の刊行に合わせてのことです。このタイトルを聞くと、多くの方は、ゴーギャンの有名な絵画『我々はどこから来たのか 我々は何者か 我々はどこへ行くのか』を思い浮かべることでしょう。トッドさんのご著書の上巻には「アングロサクソンがなぜ覇権を握ったか」、下巻には「民主主義の野蛮な起源」という具体的な副題がついています。

また、トッドさんは、日本関連では『グローバリズム以後 アメリカ帝国の失墜と日本の運命』、文春新書で『老人支配国家日本の危機』などを出版されています。しかし、私はまず、今回のご著書『我々はどこから来て、今どこにいるのか』をお買いになるようおすすめしたいと思います。この本は、「ホモサピエンス誕生からトランプ登場までの全人類史を『家族』という視点から書き換える革命の書」であると、解説でうたっております。「人類は、『産業革命』よりも『新石器革命』に匹敵する『人類学的な革命』の時代を生きている」という視点に立った本です。

ではトッドさん、プレゼンテーションをお願いします。

トッド 日本の皆さんの前でお話しできることを大変うれしく思っております。

ウクライナにおける戦争が始まったということですが、より大きな転換が始まろうとしていることの象徴だと思います。

この30年間、グローバル化が進められました。それは、1990年代から共産主義の崩壊まで続いたということであります。その中で、我々の信じること、あるいは願いは、世界が一体になるということでした。経済の組織が統合され、そして価値観も統合されると思っていたのです。その価値観はしかし、西洋的な価値観でした。

フランシス・フクヤマの『歴史の終わり』では、世界は資本主義そして民主主義に向かっていくとあります。しかし現実には、今、戦争が起こっている。世界の分断を考えなければなりません。ロシアがウクライナに侵攻したということは、マイノリティ文化が台頭してきたということです。

西洋社会では今も個人主義が重要であり、そして民主主義がとられていますが、現在強調されているのはフェミニズムの台頭です。世界中が、LGBTの権利への戦いとつながっています。しかし、ロシアはそれを拒否している。西洋社会の価値観、西側・アメリカの価値観を拒絶しようとしているのです。

ロシアの突然の侵攻には大変驚かされましたが、次に驚いたことはロシア経済のレジリエンスでした。ロシア通貨ルーブルは、ドルに対して25%高く、ユーロに対しても45%高になっています。また、アメリカシステム圏外の国々はどちら側にもつかないという立場をとっています。中国、イラン、インド、サウジアラビアも同様です。それはアメリカにとって大きな経済的打撃であり、心理的な打撃でもあったと思います。

政治学者にとっては、何が起きているのかわからない状況だと思いますが、人類学者として私は決して驚いておりません。今、目の当たりにしているのは新しい世界の分断です。

近代都市に根付く、伝統的な家族制度による価値観

トッド ここで2つの地図をご覧に入れたいと思います。1つは政治的なもので、もう1つは社会人類学的なものです。まずこちらですが、民主主義指数で表したものです。巨大な赤い塊（独裁政治体制）があります。いわゆるオールドワールドです。そして西洋諸国においては緑のスポット（完全民主主義）が確認できます。

次に2つ目の地図をご覧ください。家族構造における父権性の強度を表しています。父権が重要視される家族制度です。この2つの地図について、類似性が非常に高

いことに驚かれると思います。民主主義の指数を表したマップと、家族構造における父権性の強度を表したマップが非常に類似しているのです。民主主義というのは、西洋の世界において個人主義の中核にある価値観であり、父方と母方の重要度がほぼ同じという家族制度です。父方と母方、どちらかにつくことができる柔軟性の高い社会ということができます。

しかし、父系性の家族では選択肢がありません。子どもは父方に属することになります。つまり「非民主的」であることが、社会的に価値のある国ということになります。政治と、この人類学を合わせてみると現在の状況を理解することができます。家父長制の原則によって、まさに個人的でない価値を説明することができる、つまり「ロシアの肩を持つ」ことの説明になるわけです。世界全体で、双系か父系家族かということで見れば、こんなに社会が近代化していても、こんなに社会が都市化していても、伝統的な家族に根ざした価値観が近代都市の中にも深く根付いているということです。

家族制度の仕組みについて、フランスの社会学者であるフレデリック・ル・プレイが「家族の類型」を19世紀半ばに打ち出しています。彼は家族制度を3つの類型に分けています。1つ目は「核家族」という類型。近代的な家族形態と言えますが、実は核家族というのは多くの農民社会にかなり前から存在していた家族形態なのです。農民社会の家族の子どもたちが割と早い段階、十代で結婚するとき、家を離れて新しい家族を作るのです。その家族の中には、夫婦と子どもしかいません。子どもたちの教育は自由ですし、子どもたちは両親を置いて比較的早い段階で家を出て独立します。実は、これが自由民主主義の基盤となっています。

ル・プレイが定義した2つ目の家族の類型は、フランスの政治理念の反動的な体系でもあります。フランス語で「la famille souche(ラ・ファミユ・スーシュ)」、日本語では「直系家族」ということです。皆さん、よくご存じの伝統的な日本の家族形態です。この直系型の形態ですと、通常は長男がその家を継ぐことになり、三世代が同じ家で暮らすということが起こってきます。成人した息子が父の権威のもとで生活を続けるのですから、直系家族の価値観というのは権威的かつ不平等です。兄弟が平等に扱われず、弟たちは女性と同じ立場となります。一番わかりやすい事例は日本であり、「理想的」な例といってもいいかもしれません。直系家族にとって理想的な社会というのは、継続性が重視される、価値や技術も受け継がれる階層型の社会です。ですから、これは日本に存在する家族形態となります。

3つ目は、ル・プレイが言う「patriarchal family」、私は「コミュニティ・ファミリー」と呼んでいます。「共同体家族」です。この家族制度のもとでは、すべての息子は父親のもとに残り、娘は排除される。家庭から排除されていくということになります。つまり、娘たちはまるで持ち物のように他の共同体家族とやり取りされるのです。このような共同体家族制度は、例えばロシアや中国の農民社会、ベトナムなどにいくつかの例があります。また元共産主義圏においても類似点があります。パキスタン、イラン、トルコ、一夫多妻制などが行われるアラブの世界においても同様です。共同体家族制度のもとでは、いとこ同士の結婚、いわゆる内婚が多く行われています。

共通点は、基本的に反個人主義だということです。直系家族も同様ですが、価値観というのは権威で決まるのです。ただ、共同体家族では兄弟の間では平等です。共同体家族と個人主義の間には価値の対立があります。

ロシアが共産主義圏であった時代、反個人主義であり、同時に反宗教的でありました。しかし、現在のプーチン大統領の言説によれば、宗教に対しては寛容になっているようです。ロシアはすべての国の権利を守る、保護する、個別の文化を持つことが許されるべきだ、ということを強調しています。それは共産主義時代以上の価値観であり、より多くの世界の国々を惹きつけます。西側の個人主義と対比させることによって、惹きつけているのです。

縦の硬直性と柔軟性、共に持つ「直系家族都市」東京

トッド　今、西側は政治的に団結しています。それは、基本的にアメリカの制度そのものです。日本はそこに属しており、ユーラシアで主流の中央共同体主義には属していません。しかし日本が、西側のある種の核家族、個人主義的な部分に属しているとは考えられないのです。直系家族の具体的な要素である全体的な姿勢や個人のビジョンが、共同体の中に統合されているという2つの形態の組み合わせであり、縦の硬直性と柔軟性が両方あるということです。

現在の西洋社会というのは、政治の自由、報道の自由、自由な選挙があり、個人の権利が保護されています。そこでは対立するものはありません。しかしながら、社会的な雰囲気、人々の行動という切り口、また社会の仕組みを考えると、いわゆる典型的な西洋社会を構成するものに2つの要素があると思います。ニューヨーク、ロンドン、パリなどの大都市、また典型的な西側の中核都市には、「個人主義」の雰囲気があります。そして、ある一定の「秩序の欠如」があります。

しかし東京に来るとどうでしょう？　まったく違った感覚があると思います。大都市ながら秩序があります。清潔で、規律がありますし、完璧主義があります。それはやはり、伝統的な価値が存続しているということが底流にあるからだと思います。都市はメガ都市でありながら、それぞれ違いを持った都市であり得ると考えています。それについて、私の本で「直系家族の社会」という1章を設けました。詳細にわたって、ドイツと日本を比較しています。「直系家族都市」はまさに東京です。核家族の柔軟性があるからこそ自然に人々が移動し、都市に移住していくことが可能になります。日本は直系家族の文化を持ちながら、同時に世界最大規模の都市を生み出したのです。

南條　非常に幅広いビジョンを打ち出していただきました。いくつか質問したいと思います。家族制度というのは、表から見えないけれども近代社会の裏側に存在しており、人々の価値判断の基盤になっている。それが表面化し、社会が動いていると

いうことでしょうか？

トッド　そうです。私は歴史学者として小さい村で研究を始めました。その家族や一般世帯を見ると、個々の動きに関係があるのです。都市を見ると、都市にも個々の要素が反映されていることがわかります。三世代の家族の価値観、人々が交流するときの価値観、同じ家に住んでいなくても、人と人のつながりのあり方というのは脈々と息づいています。例えば、日本の家族においては、若い家族が年を取った家族の面倒を見るわけです。

南條　ではそうした異なる家族制度から生まれた判断基準で動いている国は、異なった家族制度の国との紛争をどうやって解決すればよいのでしょうか？　それは論理的な問題でもなく、経済の問題でもないというわけですよね？

トッド　価値観の衝突なのです。今起こっている戦争は、アメリカ対ロシアです。最近まで存在していたのは、民主主義的価値観に基づいた覇権が世界を律するというビジョンでした。「西洋の価値が世界の価値」だというのが、フランシス・フクヤマのメッセージです。だから、世界はそれに対して自分たちを調整して近づいていかなければならないのだと。けれど、もしその価値観がまったく異なっていれば当然衝突が起こります。

　ロシアが何を言っているのかを読んでみると、最初の状況では「自分たちの文化を守るのだ」と述べていました。自分たちはかつて覇権を握っていたが、今はそうではないと。その後、「異なった文化を持った国の権利を守る」とも言っています。プーチン大統領が、本当に明確な言葉で、「ロシアには自分たちの文化を持つ権利がある。一方で西洋はロシアと同じようになる必要はない」ということを言っているんです。

　文化人類学者の視点として私が言いたいことは、今世界に必要なのは、他者の価値を認めることです。西洋の人間が、女性の解放、ＬＧＢＴの権利や個人の権利の話をよくしますけれども、それと同様に他の国の文化も認めることです。

自由民主主義はもはや存在しない

南條　では中国をどう思いますか？　将来、中国は大きな問題にならないと本に書いていらっしゃいましたね。

トッド　権力バランスを見ると、本当の意味で中国は覇権国にはならないと思います。中国は覇権を手にしたいと夢を見ていたと思いますが、出生率があまりにも低い。すでに大きな危機に突入しています。労働力はどんどん少なくなり、おそらくこれから約20年で3分の1ぐらいになってしまうでしょう。これは人口の危機です。ドイツは移民という手を使いました。移民によって、出生率の低下を1・3から1・5まで上げてきました。

　一方、日本は移民を受け入れることに依然として抵抗しています。もっと移民を受け入れるべきだと思います。しかしそれ以前の段階で、日本は中国にアウトソースをするという手段に出たわけです。中国はあまりにも大きな国ですから、移民で人口を増やすことは不可能です。移民を増やして、労働力14億人の30％の低下を補うことはできません。このことは、日本人にとっては聞こえがいいかもしれません。政治的、軍事的なリスクが低下すると安心するかもしれませんが、一方で中国へアウトソーシングするという解決策もなくなるのです。中国の人口動態の問題は、日本の人口動態の問題にもなってくるということです。

南條　日本では移民に対しての抵抗感がありますが、それは家族制度に起因するものでしょうか？

トッド　ドイツにおいても直系家族があります。しかし、労働力を外から取り入れることは得意としています。ドイツの家族制度は外婚制です。いとこ同士の結婚は決して許されません。宗教上許されていないのです。一方、日本では第二次世界大戦終結までいとこ同士の結婚は、農村地帯において10％ありました。それが原因かもしれません。

その他の説明もあります。例えば日本社会には完璧主義へのこだわりがあります。完璧主義というのは技術や機能、お互いへの接し方、行儀、エレガンスというようなな美徳とつながっています。ドイツでは決して見られないものです。日本における、この完璧な礼儀のシステムを維持したいということ自体は、決して罪ではないと思います。

南條　民主主義と核家族というのは関係性が緊密です。社会として民主主義が最終的な目標でなければ、今後どのように社会を形作っていけばよいのでしょうか？

トッド　自由民主主義の存続を懸念するということは、もはや大きな問題ではないのです。なぜなら、自由民主主義自体がもう死んでいる、もう存在しないからです。例えばアメリカの現状を見てください。格差社会によって、貧困者の死亡率が上昇しています。政治システムにはごまかしがあり、富裕層が影響力を持ちすぎることが表面化しています。アメリカの制度はもはや自由民主主義ではないということなのです。寡頭制になっています。自由ですが、平等主義ではないということです。資本主義と民主主義というのは相反するものです。完璧な民主主義というものはありません。今は世界の制度はすべて不完全です。

南條　最後にお聞きしたいのは、どういったタイプの都市が直系家族から生まれてくるのか、ということです。今後予測するならば、どのような都市を目指せばいいんでしょうか？

トッド　私は「直系家族都市」という概念を作ったわけですが、都市の未来はわかりません。日本の未来について聞かれるときに答えられることは1つ、出生率が低すぎることです。この数十年で起こったことは、人口が減少する一方、日本の人口のエネルギーが近代的で完璧な都市東京に集中していること。私が言えるのは、「東京の規模をうまくコントロールしてほしい」ということです。

南條　ありがとうございました。大変示唆に富んだお話だったと思います。

ICFが見据える「都市の未来とは?」
10年間の軌跡を振り返る

PART 4
ディスカッション

［2017年実施］

アート&サイエンスセッション
テーマ2 共生「Symbiosis」ディスカッション前半
「共生の世界：細胞から宇宙まで」

プレゼンター

舩橋真俊（ソニーコンピュータサイエンス研究所リサーチャー）

オナー・ハーガー（マリーナベイ・サンズ アートサイエンス ミュージアム エクゼクティブ・ディレクター）

スピーカー

クリストファー・メイソン（ワイル・コーネル・メディスン大学 生理学・生物物理学 准教授）

岡島礼奈（株式会社ALE 代表取締役社長）

アリエル・エクブロー（MITメディアラボ スペース・エクスプロレーション・イニシアティブ創設者／主席、グラデュエイト・リサーチャー）

モデレーター

北野宏明（ソニーコンピュータサイエンス研究所 代表取締役社長）

南條史生（森美術館館長）

細胞から宇宙へ、ミクロからマクロへ

船橋 日本の食料自給率が100%に満たないことは、皆さんご存じだと思います。しかも農業というのはかなり石油を使います。日本の農業生産において、得ている食料カロリーより投入している化石燃料の方が多いんです。また伐採などによって土壌が劣化したり、直接的に生き物の命が奪われたりしてもいます。生物多様性がなくなり、多くの生物が絶滅に向かう。不適切に行われた場合の農業の悪影響は実は非常に大きいのです。

自然資源には大きく2種類あります。石油とか金属のような物質資源と、作物や森林のような生物資源。生物資源というのは、消費されてもある程度は再生が利くのです。実際、地球の歴史上5回ぐらい大絶滅がありましたが、そのたびに回復し新たなエコシステムを築いてきました。太陽系、地球の惑星の物理的な環境が存続している限り、この星において命が絶えることはありません。つまり、命によって命をつないでいく産業が持続可能性の中心軸であり、特に食料生産が重要だと考えています。

こうした制約条件を加味して「シネコカルチャー(協生農法)」を作りました。協生農法というのは、生態系を丸ごと作るという農法です。有用植物、野菜、ハーブ、果樹、薬草を植え合わせて1つの森のようなエコシステムを作ります。自然状態を維持するため耕さず、肥料や農薬は使いません。ただ、頭を使い、この植物が枯れたら、次はこれが出てくるというように、植え合わせを考えマネジメントしていく農法です。協生農法は世界各地で広まりつつあり、多様性だけでなく有用性も高い農法です。生物界のいろんな階層が、理論的にある程度計算されて入っていて、システム全体のシナジーをちゃんと最適化すれば多様な有用性が引き出せるという予測がある。そのために必要なのは情報の処理です。今発展しつつあるインターネットの技術、情報処理技術と非常に親和性が高い。第4次産業革命が到来し、超多様性をマネジメントするICTができると、誰が生産者か消費者か関係なく、非常に動的なマッチングができるようになります。協生農法のようなソリューションがあり、それを第4次産業革命でサポートできれば文明の危機を回避する可能性があると思っています。

オナー オナー・ハーガーと申します。シンガポールにあるアートサイエンスミュージアムから参りました。私どもの美術館で開かれた3つの展覧会について紹介したいと思っております。

1つ目は「HUMAN+(ヒューマン・プラス)」です。「人である」ということは何を意味するのかということを模索しました。ロボット工学、遺伝子工学、そしてバイオテクノロジー等を組み込む。こういった考え方は今や現実で、決してSFの世界ではなく、サイボーグ、スーパーヒューマン、そしてクローンが生まれています。そうした、AI、人型ロボット、遺伝子工学がある中で「人である」ということはどういうことを意味するのでしょうか? ダブリンサイエンスギャラリー、そしてバルセロナ現代文化センターとともに、社会的、また倫理的な疑問も提起しながら展示を行いました。

2つ目は、南條さんや森美術館の皆さんに協力をいただきながら開催した「ユニバ

ーサル＆アート」展です。東洋・西洋の哲学を展示し、古代から近代の美術、科学対宗教、「人はいかに宇宙を見てきたか」といったことや、世界中の何世紀にもわたる美術品やアーティファクトを展示しました。歴史的な宇宙論を示すものや、仏教、ヒンドゥー教、ジャイナ教がどのように宇宙を見てきたかということも多面的に考察しました。

3つ目は「Future World: Where Art Meets Science」という展覧会で、チームラボとのコラボレーションです。メインテーマは「自然」です。チームラボがデジタル技術を駆使して、アートとサイエンスの両面から「自然」を表現しました。動物や植物の絵を来館者が描き、その絵が動き出すという体験をしてもらいました。こちらは、17世紀の浮世絵からそのインスピレーションを得たという、チームラボの「超主観空間／Ultrasubjective Space」という概念です。単一の視点からのものの見方ではなく、人々が環境の中、風景の中に物理的に入り込み、自分たちが作り上げた自然の中に包み込まれ、我々人と自然が分離しないということを表現しました。

この3つの展覧会を開催することによって、細胞から宇宙までという道筋を体験していただくことができたのです。マーティン・リース卿の教えのように、まさに「細胞から宇宙まで」、これらはすべてつながっているというわけです。

南條　お二人の話は、相当かけ離れている気がする一方でつながっているという感じもしました。オナーさんがお話の最後で、ミクロからマクロまでつないでくださったので、船橋さんの話ともつながりました。

宇宙を論じるのは、人間を論じること

北野　船橋さんのお話は、地球環境、宇宙というスケールで見ると、ある意味テラフォーメーション（惑星を地球型に模倣していくこと）をしていることになると思います。一方、オナーさんのお話で感じたのは、我々が今まで持っていた人間中心の世界観から、コスモロジカルな世界観であり、人間というものはいったい何かということについて考えさせられます。従来、我々は細胞で構成されるものを「人間」と思っていましたが、腸内のマイクロバイオームや、皮膚表面のフローラなどがないと生きていけません。では、それは人間なのかは、ファジーで境界を越えるものです。一方、今外界では、地球上で成立したものが、GPS等宇宙と関連して便利な生活が成り立っています。つまり、身体の中も外も境界を越えていると実感します。

そこで、クリストファーさんに質問です。今の細胞や我々生物をマイクログラビティの宇宙空間に持っていったとき、新しい環境に適応、進化をすると考えられますか。あるいは、そうならない場合はどうでしょうか。

クリストファー　背は高くなると思います。NASAの双子の研究があり、双子の1人は地球で暮らし、もう1人は宇宙で1年過ごしました。身体の変化を調べてみると、多くの遺伝子の発現が変わったのです。宇宙で息をするとCO^2が溜まります。座っているだけでも酸素不足になり、低酸素症になってしまいます。そして染色体が長くなることがわかっています。骨密度も下がり、細胞に対する悪影響もあります。スコット・ケリーが地球に戻ってきた際、

服があまりにも重く、皮膚が痛いため着込むことができなかったそうです。

アリエル 例えば将来的に人が火星に住むことができるようになった場合、筋肉は弱くなり、背が高くなる。まったく違う種類の人間になるので、地球に戻ることが難しくなると聞いたことがあります。

北野 今宇宙のことが次第にわかってきています。岡島さんは、流れ星を作るビジネスをしています。流れ星を飛ばすという、宇宙の難しいリアリティがあると同時に、地上から見ると、ものすごくロマンティックなことをビジネスにしようとしている。なぜそのアイデアを思いついたのか、これからどういうふうにしたいかをご紹介いただきたいです。

岡島 人工衛星に粒を詰めて打ち上げ、宇宙空間で粒を放出して大気圏に突入する、これが地表からは、流れ星に見えるということをやっています。なぜ始めたかということと、私のバックグラウンドが天文学なのです。ずっと研究をし、基礎科学というものが人間の生活に「ジャンプ」をもたらすものであると信じています。テクノロジーだけでは、多分人間の生活はリニアにしか変わらないと思うんです。けれど、イノベーションは人間の生活にジャンプをもたらす。イノベーションというのは基礎科学がないと絶対に起きないと考えています。例えば相対性理論がないとGPSはない。基礎科学というものを発展させるために、何か自分にできることはないかと考えたとき、専攻が天文学だということもあり、流れ星を思いついたのです。流れ星をエンターテインメントとして作り、一方で基礎科学を発展させることができる。また、基礎科学で言うと、我々の流れ星で高層大気の様子がわかるので、天然の流れ星の物差しにもなるんです。もしかすると天然の流れ星に有機物みたいな生命の源、細菌やバクテリアのようなものが含まれていたら、我々は実は宇宙から来たかもしれないなど、いろんなことが考えられます。

北野 エンターテインメント的な部分と基礎科学の発展という組み合わせが大変面白いと思います。流れ星もですが、人間は宇宙に対して、ファンタジーやロマンを見てきた。アートの世界では宇宙と人間の関わり合いというのはどういう変遷があったんですか?

南條 相当大きなテーマです。人間は宇宙を見て、描いてきている。宇宙というものは厳然としてあるのに、手が届かず思い描くことしかできない不思議な存在です。極めてリアル、同時に極めてリモートな、人間から遠い存在。そこにある以上「これは何なんだ」という大きな問題があり、「じゃあ我々は何者なのか」ということは相関関係にある。だから宇宙のことを論じるというのは、人間を論じることにつながり、人間が何者だということにつながっていく。こういう構造が文化の中に内蔵されるのではないかと思います。その中で、流れ星を作るというのは、ロマンティックで素晴らしい発想ですよ。

火星に行く前に地球の維持を考えるべき

北野 船橋さんにお聞きしたいんですけど、もし火星をテラフォーミングするとしたらどうします?

船橋 私を送り込んでください、という話です。ただ、「まず足元の宇宙である土壌を大事にしよう」というのが私の提案です。本気で火星に行きたいのなら地球１つテラフォーミングできなければ行けるわけがない、と思います。破壊された地球を捨て火星に行く、というソリューションはあり得ない。地球をサスティナブルに維持できて、それでも溢れる人口と、有り余る生物資源を持って「いざ火星へ」というのが私の考えです。

南條　火星に行って、生物・植物の方を変えよう、遺伝子操作をしてしまえば適応できるという考え方についてはどうなんですか？

船橋　そこまで火星は甘くないと思いますよ。遺伝子操作で弄れるなんてせいぜい数十個の遺伝子の話であって、それに対して実際の生体で起きているゲノムの高次相関っていうのはものすごく複雑なんです。

岡島　あと大気の話なのですが、実は我々の流れ星というのは、流すと若干オゾンが発生するんです。ですので、火星の周りに流れ星をたくさん流してオゾンを作り保護する。そんなこともできるかもしれない。

アリエル　テラフォーミングの技術的な話では、火星には、遺伝子工学の問題以外にも非常に冷たいコアがあるわけです。例えば磁場のようなものも地球とは違う。大気をそこでキープすることができないので、たくさん流れ星を作ることによって、少し新しい保護層のようなものができると思います。人工的な磁気層のようなものを作って、火星の生物を守ることができるかもしれません。

オナー　このディスカッションから得られるものは、やはり我々が学んできたことに基づいて共生をさらに進めることだと思います。我々のエコシステムの中にはいろんな課題があります。新しいシステムを作るうえで、例えば宇宙の別のどこかに作るにせよ、１つの分野ではなく、エンジニアリングもあり、バイオテクノロジーもあります。また植物学も、アートもあるというように、すべてのこういったフィールドが、共生という形で対話を深め、協力を深めることによって堅牢で持続可能なソリューションを作り出すことができると考えます。我々のそれぞれの専門分野に基づいて、対話を深め、ハーモニーを深めることで、最終的にそのような大きなシーンを生むことができるのではないでしょうか。

南條　終わりに一言。オナーさんが紹介した３つの展覧会のうち、２つ目が森美術館から巡回した展覧会です。その中に「火星の建築」があります。ＮＡＳＡの火星居住設計コンペで優勝した、日本人も含む建築家チームの作品です。それは火星のコアにある氷を使ってドームを作り、その中で植物を育てるというモデルです。ですから、先ほどの船橋さんの話は大変興味深く聞きました。完全に火星に適応はできなくても、カバーされているドームの中で育ちやすいものぐらいはできるのかなと思ったのです。そんな背景もあり、私にとってはすべてが非常につながっていると感じました。宇宙は普段は生活に関係ないと思われますが、実は人間のこれからの生き方の可能性を考えるのに非常に良いプラットフォームだということが言えると思います。ありがとうございました。

［2017年実施］

バイオテクノロジーセッション

「バイオテクノロジーと未来の都市／遺伝子デザイン」

クリストファー・メイソン（ワイル・コーネル・メディスン大学 生理学・生物物理学 准教授）

宮本真理（株式会社オックスフォード・ナノポアテクノロジーズ ビジネス＆テクニカルアプリケーションマネージャー）

荒川和晴（慶應義塾大学環境情報学部 先端生命科学研究所 准教授）

セバスチャン・コシオバ（モレキュラー・フローリスト）

急速に進化するシークエンシング

メイソン　私たちは今、バイオテクノロジーの革命の時代に生きています。かつてないほどのスピードで起こっている革命です。なぜなら、ここ数年でDNAのシークエンシングのコストがものすごく下がっていて、これまで以上に安くできるようになっているからです。世の中に存在するDNAのほぼ半分が未知なものだと言われていますが、最先端のDNAシークエンサーを使うことによって目に見えないものを可視化し、まったく新しい発見が生まれるようにもなっています。例えば、自分や他者だけではなく、都市環境のDNAのシークエンシングも可能になったため、ニューヨークの地下鉄で調査を行いました。私が地下鉄のマイクロバイオームに関心を持った理由は2つあり、1つ目が「ヒトゲノムとマッピングしないものがあるのではないか？」ということ。2つ目が、まだ小さい私の娘と一緒に地下鉄に乗ったとき、手摺りを舐めたりするのを見て、「そこにどのようなDNAがついているのか？」と考えたことです。それらに関する文献がなかったため、実際にDNAを調査したところ、1万5000くらいの種があり、やはりその半分くらいが未知のものということがわかりました。その後、グローバルに展開し、75の都市で調査を進めましたが、その中で、最もユニークなDNAを持っている都市はどこなのか？　まったく新しいDNAが見つかる可能性が高い都市はどこなのか？　1つのアイデアとして、そうしたランキングを作るのもよいのではないかと考えています。また、将来的に火星に人類を送るということを実現させるために、NASAの1プロジェクトとして、宇宙でも調査・実験を行っています。例えば、2015年に宇宙飛行士のスコット・ケリーが国際宇宙ステーション（ISS）に1年間滞在したとき、さまざまなデータを収集し、地上に残る双子の兄弟である元宇宙飛行士のマーク・ケリーのデータと比較分析しました。その結果、宇宙空間ではテロメアが長くなること、少し背が伸びたり若くなったりするのですが、地球に帰還すると元に戻ることなどがわかりました。さらに別の機会における調査で、無重力状態でのシークエンシングが可能であることも判明しています。

宮本　私は、オックスフォード・ナノポアの日本法人でマネージャーをしております。弊社は設立当初から「誰でもいつでもどこでもどんな生物でも解析ができるように」ということをビジョンに掲げて、製品を開発しております。そのうちの1つが、ナノポアを使用したDNAシークエンサーであるMinION（ミナイオン）です。ナノポアとは膜タンパク質にあるナノメートルサイズの極小の穴のことであり、MinIONによるシークエンシングでは、DNAの分子がナノポアを通過する際の電流変化によって配列決定を行い、データを測定しています。それまでのDNAシークエンサーと異なる大きなポイントは分子そのものを直接見ることができること。2014年の製品化以降、その精度も急速に上がってきております。MinIONは手の平サイズの小さなシークエンサーなので、小さなことしかできないと思われる方もいるかもしれませんが、そんなことはありません。この小さなMinIONだけで、ヒトゲノムのすべてを読むことができるのはもちろん、世界中に存在する生物を対象にすることが可能ですし、それこそ先ほどメイソンさんが話された宇宙でのシークエンシングでも使用されました。また、リアルタイムでＤＮＡのデータを出せることも特徴の1つです。データをリアルタイムで知ることのどこにメリットがあるのかと言いますと、例えば、感染症などの原因菌を早く特定したいときがそうです。これはインフルエンザの菌なのかサルモネラ菌なのか？　インフルエンザだとしたらどのインフルエンザなのか？　医師がそうした情報をいち早く知ることによって、患者にとってどの薬が最適なのかを現場で判断することができるんですよね。このように、MinIONをさまざまなフィールドで使っていただき、新しいメリットを生み出していただければと思っております。

荒川　今日のセッションは六本木ヒルズの中で行われているわけですが、私は六本木ヒルズに来るといつもワクワクします。その理由は2つあります。まず1つが、建物や周辺の都市環境が子どもの頃にイメージしていた未来の都市環境に非常に近いこと。もう1つが、六本木ヒルズの入口の前に設置されている、アーティストのルイーズ・ブルジョワさんが手掛けた大きな蜘蛛のオブジェです。蜘蛛は私の研究対象ですので、誰よりもワクワクしてしまうわけですが、この未来的な都市環境の中に存在するというところから、有機的なものと未来的なものの調和が感じ取れます。そして今日は、蜘蛛の研究の話をさせていただきたいと思っております。これまでの人類の進化を振り返ると、各々の社会革命が起きたときには、必ずマテリアルの変化を伴っていたと考えられます。例えば、狩猟採集社会では石器や動物の骨などを使っていましたが、農耕社会に移ると青銅器が大きな役割を果たし、効率よく畑を耕すことができました。産業革命が起きたときには蒸気機関の動力を支える鋼鉄が重要視され、近年の情報化社会においては半導体が不可欠です。では、もし人類が次のステップに進み、新しい社会革命を起こすとしたら、はたしてそのマテリアルは何なのか？　これまで手にしていないようなもの、それと同時に、これからの時代に合わせた持続可能なものを考えなければなりません。そのための解決策として、私は蜘蛛の糸が使えるのではないかと想定しています。実は蜘蛛の糸は、密度から見ると鋼の4倍くらい強く、ナイロンよりも伸縮性があります。材料科学ではこうした素材の特性をタフネスと呼びますが、蜘蛛の糸はタフネスが高いモデルとして、我々人類がいまだかつて利用したことがない非常に面白い特性を持っております。例えば、思考実験を行ってみたところ、もし直径1センチの蜘蛛の糸を幅500メートルにわたって巣として張り巡らせることができれば、そこに飛んでくるジャンボジェットを受け止めることができるだろうということを導き出しました。それに対して、もし鉄でできていたら衝撃を吸収できないため、ジャンボジェットと一緒にグシャッとつぶれてしまいますし、もしナイロンでできていたら強度がないため、ジャンボジェットはそこを突き抜けて飛んでいってしまうでしょう。さらに、蜘蛛の糸は蜘蛛が作っているものですから、再生可能であることも大きなメリットです。現在、世界中に4万～5万種類の蜘蛛がいます。それらのＤＮＡの配列を調べ、タンパク質の構造にどのような変化を入れるか。それによって、すごく伸びるものからすごく強いものまで、幅広い蜘蛛の糸を作れるのではないか。それが未来の都市を支える新しいマテリアルにつながっていくのではないかと考えています。

小さな疑問が科学界を発展させる

コシオバ　私はニューヨークにある非営利企業のラボ「Binomica Labs」のメンバーです。バイオテクノロジーを学びたい子どもたちに向けて、オープンソースを開発しながら、自らの発見や気づきから自主的に学んでいく教育カリキュラムなどを提供しています。１８００年代、まだ科学が富裕層の趣味だった時代、彼らは集まって自然界の話をし、そして実験を繰り返し、自然界を理解していったのです。それが今や、誰もが、それこそ自宅でも研究ができるようになりました。だからこそ、教育機関に対して言いたいことは、子どもたちがもっと研究に携われるような環境を作ってあげてほしいということです。そこで生まれた子どもたちの疑問が科学界の発展にも寄与すると考えております。そうした中、私たちのラボでは、子どもたちにさまざまな研究をしてもらい、高校や大学に入学する頃にはすでに論文を2本くらい書いているというような活動を進めているのですが、ある日出会ったのが10歳になろうとしている女の子でした。「サイエンスフェアに出展したい」と話す彼女に、「じゃあ、一緒に研究しよう」と呼びかけ、専門的な話の数々を10歳の子どもでも理解できるように咀嚼して教えました。そのとき、彼女がカタバミという植物に興味を示し、「どうやって栄養を摂っているの？」と聞いてきたので、「よかったら自分で調べてみたらどうかな？」とすすめてみたんです。その結果どうなったかと言いますと、サイエンスフェアのプロジェクトで、カタバミを温室の中で育てる方法を彼女が編み出したのです。そのデータを私が使い、さらに研究し、「bioRxiv（バイオアーカイブ）」というジャーナルに論文を発表することになりました。ただ、第一のオーサーは彼女です。つまり、10歳の子どもも科学に関わり、論文を書くことができるのです。どんなに小さな疑問でも、そこから情報が得られれば重要な疑問になります。子どもたちの想像力に任せることによって、いろいろとクリエイティブなものが生まれるかもしれませんし、そうした子どもたちを育てていくことが大切ではないでしょうか。

宮本　基本的に研究というものは小さな疑問から始まっています。とにかく興味があることや好奇心がスタートポイントであり、「どれくらいお金が稼げる話なのか？」「どのような成果があるのか？」といったことは関係ないんです。そのうえでモチベーションをキープしながら好奇心を失わずにいることが一番大事だと、セバスチャンさんのお話を聞いていて、改めて感じました。「何に興味を持つのか？」に関してはもちろん本人次第ですから、自分の心の中から出てくるもので構いません。それをもとにして研究を進めていくわけですが、特に大きなことをしようとしなくていいんです。たとえ小さなことでも、まずは前に進むだけで状況が違ってくるはずです。子どもたちに教えることはとても難しいことではありますが、私たちの周りには常に科学が溢れていますから、子どもたちにもチャンスを与え、さまざまなツールを提供し、科学に一歩ずつ近づいていてもらうことが重要だと思いますね。

GMOに対する反応と理解

メイソン そうですね。10歳の子どもが第一のオーサーになったというお話は非常に良い例ですよね。では、参加者の皆さんの中で、何か質問がある方はいらっしゃいますでしょうか?

参加者 大変素晴らしいプレゼンテーションをありがとうございます。私はオーストリアから来ているんですが、地元でGMO(遺伝子組み換え作物)の話をしようとすると、みんな逃げてしまいます。日本やアメリカではどうなんでしょうか? 少しずつ受け入れられてきているんでしょうか?より良い未来に向けてどうしたらいいか、ご意見を聞かせてください。

コシオバ むやみに何でも受け入れるのではなく、やはり懐疑的に取り組むことが必要であり、嘘の中から真実を見抜く力や、批判的な考え方を持つことを教えることが第一歩だと思います。GMOに発がん性などのリスクがあるかどうかという安全性が問題になることが多いわけですが、人によっていろいろな意見があります。しかし、確実に言えることは、事実は変えられないということです。絶対に正しいと確信しているのならば、それを発信していくべきですし、とんでもない考えを持っている人や企業が主張してきた場合は批判するべきです。そして、そのとき絶対的に求められるのが、事実をベースにしているということです。アメリカでもその重要性について教育、啓蒙していくことが必要だと感じています。日本ではGMOについていかがですか?

荒川 GMOと聞くと、ほとんどの人が食品関連で考えるので非常に神経質になりますよね。そのため、なかなか受け入れにくい面もあります。しかし、例えば、砂漠の緑化のためにGMOを活用できるというのも事実です。そうしたことをもっと伝えていけば、GMOには便益もあるということをわかってもらえるのではないでしょうか。

宮本 単に「こわい、こわい」と言っているだけではなくて、ゲノミクスについてより詳しく知り、「どうすれば活用できるのか?」ということを考えた方がいいですよね。そうすれば、もしかしたら思ってもみなかったことが起こるかもしれません。どのような技術にも良いことがたくさんあります。技術を恐れることなく、しっかりと理解し、正しい知識を身につけるようにしていけば、きっとより良い未来が訪れると思います。

［2019年実施］

Future and the Arts Session
人は明日どう生きるのか
［森美術館「未来と芸術展」関連プログラム］
分科会1：都市と建築の新陳代謝

登壇者

五十嵐太郎（建築史・建築批評家）
ミハエル・ハンスマイヤー（建築家）
会田誠（美術家）
ファビオ・グラマツィオ（建築家）
小渕祐介（東京大学建築学専攻 准教授）
豊田啓介（建築家／ノイズパートナー／グルーオンパートナー）
篠原雅武（京都大学特定准教授）
饗庭伸（首都大学東京教授）
舩橋真俊（ソニーコンピュータサイエンス研究所リサーチャー）

建築家とアーティストによる提言

五十嵐 まずは、今回の展覧会に出品していただいている3名の方、デジタルファブリケーションに近い新しいコンピュータや情報技術を使った建築に取り組まれている建築家のミハエル・ハンスマイヤーさんとファビオ・グラマツィオさん、そして建築とは全然違うユニークな発想で都市に対する提言を行っているアーティストの会田誠さんによるプレゼンテーションから始めたいと思います。

ミハエル 私は建築におけるデザインのプロセスの中で、コンピュータの役割を探索しています。一時期は効率性や管理を優先していましたが、現在はコンピュータを力強いツールとして、もっと環境を豊かにするもの、創造性があるもの、自分の好奇心が沸き起こるものなどを生み出すために使っていきたいと考えています。その中で、今回進めたのが3つのプロジェクトです。1つ目は「カラム」と呼ばれる円柱ですが、作ること自体よりもそのプロセスを重視しています。例えば、古代のギリシャ人やローマ人はカラムをいろいろなルールに基づいて建築していました。彼らは図面を描いたのではなく、カラムをさまざまなパーツに小さく分けていき、それらをもとに、それぞれを拡大することによって、大きなカラムを作ったりしていました。それが今や、コンピュータで簡単に同じようなことができるようになったわけですが、そのプロセスが重要なんです。コンピュータを使って、どのようなことまでできるのか? いろいろと実験を行っています。2つ目のプロジェクトは「グロット」、洞窟です。グロットをバーチャルで作り、そのうえで3Dプリンターを使い、実物も作りました。コンピュータを活用した建築的なデザインによって彫刻並みのレベルになり、バーチャルと実物のギャップを埋めています。そして、3つ目が「ムカルナ」プロジェクトです。ムカルナとはイスラムの世界に見られる幾何学的な立体建築装飾です。自分の手で作ろうとしたら大変な作業ですが、コンピュータを活用すれば、緻密にデザインし、3Dの形で創出することが可能です。

会田 僕は、ちょっとアイロニカルで毒があったり下品であったり、そんな絵を描くアーティストとして知られています。ただ、今回の展覧会ではそうした要素が少ない建築模型を展示していて、その1つが「NEO出島」です。僕はまったく建築を知りません。何となく「未来都市ってこんな感じかな?」と思って、日本の政治の中心部である国会議事堂などの真上を人工的な土地で覆い、そこに現代の出島として未来都市を作ってみました。島内は国際社会、公用語は英語のみなど、いろいろと嫌みったらしいことが書かれた説明文が添えられていて、英語が話せる立派な国際人しか入れません。日本社会は英語が話せない人も多く、国際的ではないところがあるので、そうしたアイロニーをベースにしているんですが、僕自身英語が話せません。だから、作っている本人が入れない場所でもあります。上の部分が「なんちゃって未来都市」みたいなものですから、パッと見は展示室に馴染んでいて、説明文を読まないと「ふ〜ん」と通り過ぎられてしまいますが、説明文を読むと「何でこれがここにあるの?」と驚かれるようですね。

五十嵐 1960年代のメタボリズムの時

代にも、そうした人工地盤を高く上げて、都市を立体化したり、増床する建築構想がありましたよね。
会田　人工台地という、当時の夢物語的未来建築への嫌みといえば嫌みなんですけどね。あと、僕は建築家ではなくてアーティストなので、イマジネーションが豊富だとか、美しいイメージが作れるとか、そういうものが求められているかもしれません。しかし、建築家のお二人、特にミハエルさんのプロジェクトを見ると、まさに「美」じゃないですか。僕が作っているものよりも「美」で、僕が目指しているのはもはや「美」ではない何かなのではないかという、アーティストと建築家が完全に逆転したような気持ちになりましたね。僕はよく「アーティストのこれからの社会的役割は何だろう？」と考えることがあるんですが、僕というアーティストは「馬鹿」というか「一般人の側」という自認があるんですよね。それに対して、今日の登壇者の方々はインテリジェンスの高い人ばかりです。僕のようなアーティストは、そういう方々に正しい方向に導いてもらう一般人の代表でありつつ、そこに必要を感じれば個人の責任で、疑義を挟んだりまぜ返したりするのが役目かなと思っています。
ファビオ　私がお伝えしたいコンセプトは建築におけるデジタル・マテリアリティです。長年、デジタルとマテリアリティの関係性について考えていますが、デジタルは精緻で合理的でロジカルであり、マテリアリティはその物質の持つ感覚などであり、建築においては最終的に必ず物質的な形で表現されるわけです。建築家として、この2つをどのようにつなぎ、デジタルをどのように物質化していくのか？　デジタルのデータや情報を人々が実際に体験できるようなものにするにはどうしたらいいか？そのための取り組みとして、私はロボットを使用しています。ロボットはすでに20世紀的な生産の自動化を実現させていますが、現在ではさらに先に進んでおり、我々人間とロボットの関係性が探究されています。ただ、ロボットはすべてにおいてインテリジェンスに富んでいるわけではありません。デジタルのデータや情報であれば簡単に読み取り、すぐに作業を開始することができますが、何かを理解しているわけではありません。そういう意味では、ロボットと人間はまったく違います。この違いを把握したうえで、お互いに競争するのではなく、補完的な関係性を築いていけばいいと考えています。そうすることによって、デジタルテクノロジーのロジックやロボットの活用なしでは実現できない、極めて官能的な物質性を持った建築物を作ることができるのです。

提言に対する識者のコメント

五十嵐　3名のプレゼンテーションを踏まえたうえで、本日お越しいただいた5名の識者の方にもコメントをいただければと思います。
小渕　一口に建築と言ってもすごく幅広いですが、建築の概念の1つとして、壁を作って屋根を作って、外から身を守るというものがあります。それはある意味、自分を守ると同時に制約するということでもあります。つまり、矛盾した状況を作り出しているということです。西洋建築の場合、外と中を分けることが実に大きな概念空間のコンセプトになっている一方、海外の人たちから、日本の建築は外部と内部空間がすごく曖昧であり、自由であるとよく言われます。会田さんの作品を見て同じように自由な空間を感じました。少しアイロニーがこめられたメッセージを通じて現代社会の矛盾した都市空間をさらけ出しているような気がしました。

豊田 ミハエルとファビオはデジタル技術を使っているわけですが、完全にコントロールする建築に対して、むしろコントロールし切れない、どこか曖昧さを許容するような建築が出てくる可能性が、デジタル技術の先にあるような気がします。0か1のような整数ではなくて、グラデーションで扱えるような領域が広がる価値のようなものが、こうした議論を通して見えるようになるといいなと考えています。

饗庭 私は都市計画の専門家ですが、都市計画は、建築家の皆さんが作ったものがうまく組み合わさっているか、安定しているか、持続しているかなどといった視点が大事なんですね。今回のセッションのタイトルで言えば、うまく新陳代謝しているかと言い換えてもいいかもしれません。ただ、今の日本は人口の減少などもあり、これまでうまくいっていた新陳代謝の仕組みが崩れ始めているというのが、我々の見立てです。そのため、今後新しい新陳代謝の仕組みをどのように作っていくかが求められています。私としては、3人のお話はどれも面白くて、これらを都市の中でどのように組み合わせればいいか、どうやったら次の安定や持続を生み出せるかということに大変興味を持ちましたね。

篠原 建築家ではなくて哲学の勉強をしているので、建築を見ているときは哲学的な観点から興味を引き起こされるんですが、特にファビオさんが話されたデジタルとマテリアリティの関係性が面白かったですね。そこで私が感じたのは、マテリアルの形で表現されるとき、人間がコントロールできないようなノンヒューマンな側面、偶然性のような側面もあるのではないかということ。ファビオさんが担当されたシカゴ建築ビエンナーレのプロジェクトは型枠を外すと石が崩れていくもので、すべてをコントロールできているわけではなく、偶然性も介在しているのですが、そうしたことを認識したうえでのデジタルとマテリアリティの関係性を考えられているのかなと思いました。なぜこんなことを言うかというと、現代の日本は頻発する自然災害が大きな問題になっています。実際に災害が起きると、人間が生きている環境は脆いものですよね。そのとき、建築におけるマテリアルのレベルでの脆さも生じてくるので、それにどう対応するかについても考えていかないといけないと思っています。

船橋 出席者の中では今日のテーマから一番遠い分野の「シネコカルチャー（協生農法）」という新しい形の食料生産の研究をしています。バックグラウンドは生物学と物理学で、その観点からコメントしますと、ミハエルさんのプロセスを重視する方法論に関心を抱きました。例えば、今ビルの周囲を丸ごと緑化することが流行っています。しかし、とにかく同じような種類や大きさの木で覆いつくすことが多いので、生態学的に見ると、あまりに偏っています。実際の植生は小さな草があったり大きな木があったりという、非常に揺らぎの大きい分布をしていて、実は、そういったものは植物同士のコミュニケーションに基づいたプロセスによって作り出されます。それはミハエルさんの方法論に通じるもので、多種多様な植物の生態に合わせたプロセスを経た建築も可能ではないかと思いました。あと、会田さんが馬鹿の代表という言い方をされましたが、知性には2種類あると思っています。その名の通りの「知性」と、一見馬鹿に思えることをしれっとやることができる「痴性」。僕は常々その両方を備えていないとサイエンスはできないと思っているので、馬鹿なことも必要なんですよね。

日本の都市計画の現状とは?

五十嵐　それぞれの分野から主に建築についてコメントをいただきましたが、都市についてはいかがですか?

小渕　あまり知られていないかもしれないのですが、日本での多くの建築教育はエンジニアリング（工学部）に属します。海外の場合、特に欧米ですが、建築学部があり、そこでは、むしろ工学的な教育ではなく、アートや社会学、哲学や文学などの勉強が中心で、その延長線上に建築はもちろん都市についての勉強があります。「環境をどのようにデザインするのか?」といった課題は建築にも都市にも共通した問題ですね。

ミハエル　そうですね。我々がコンピュータで行っている建築では、都市計画の中でそれがどのような関係性を持つかということも考えています。都市計画には将来住む人たちのさまざまな要望が入ってきます。例えば、どこに住みたいのか、学校までの距離はどれくらいなのか、太陽光はどれほど重要なのかなど、そういった要望を聞いたうえで、個別の建物の配置を決め、最適化するということが都市計画でも使われています。

饗庭　日本固有の現象かもしれませんが、日本の今の都市計画がどうなっているかというと、かなりコミュニティに偏っている面がありますね。ここ10年ぐらい、コミュニティの話を聞かないと建築もできないし、都市も作れないというような流れになっています。私も実際にそうしたことをしているわけですが、そこにはけっこう限界があって、同じような案しか出てこなかったりします。だから、今では、コミュニティと付き合っていても安定した社会はできそうにないなと痛感しています。日本の都市計画の将来を見据えるためにも、コミュニティに偏るのではなく、先ほどお話しした新しい新陳代謝の仕組みも含め、我々都市計画に携わる人間がよって立つ新しい仕組みを作っていかないといけないでしょうね。

五十嵐　本日は皆さん、ありがとうございました。メタボリズムの時代は、結果的に構想した建築が思うように使われなかった面もありましたが、仮に今起きていることがネオメタボリズムだとすると、建築の分野だけでは見えてこない部分も多いかと思います。ですから、違った分野の方々からご意見をいただき、まとめていくことは重要であり、それによってネオメタボリズムの概念や実態へと近づいていくのではないでしょうか。

［2019年実施］

Future and the Arts Session
人は明日どう生きるのか
［森美術館「未来と芸術展」関連プログラム］
分科会3：資本主義と幸福の変容

登壇者

丸山俊一
（NHKエンタープライズ番組開発エグゼクティブ・プロデューサー／東京藝術大学客員教授／早稲田大学非常勤講師）
サイモン・デニー（アーティスト）
長谷川愛（アーティスト／デザイナー）
荒谷大輔（江戸川大学　基礎・教養教育センター教授、センター長）
富永京子（社会学者）
安田洋祐（大阪大学大学院経済学研究科准教授）
斎藤幸平（大阪市立大学経済学研究科准教授）
石井美保（京都大学人文科学研究所准教授）

資本主義は幸福をもたらすのか？

荒谷　かつて資本主義は幸福をもたらすという「幻想」が存在しました。たしかに終戦から1980年代まで、経済が目覚ましく成長して人々の生活を豊かにし、幸福をもたらしたのは事実です。しかし、それ以降、現在に至るまでの資本主義社会を考えると、幻想だったと言わざるを得ません。そのため、こうした時代にあって、資本主義のオルタナティブとしての幸福はどういうものがあり得るのか？　どのような条件下でも、人がいつでも幸福を感じられるのは何か？　そうしたことについて考えていく必要があると思いますが、哲学者の立場からおすすめできることが1つあります。それは「自分」あるいは「個人」という枠組みを外すことです。近代社会は「自分」を中心にして構成され、各人が自分の幸福を得るという欲望のために努力することが社会経済の発展の原理になると言われてきました。しかし、「自分」の幸福を追求するだけで人は幸福になったでしょうか？　幸福と豊かさは同義ではありません。経済的に豊かであっても幸福ではないこともありますし、経済的に豊かではなくても幸福なこともあります。もちろん2つが重なることはありますが、異なる概念であることに変わりはありません。幸福であるには「自分」だけでなく、他者との関係が不可欠でしょう。そのためには「自分」という枠組みを外すことが必要です。例えば、わかりやすいところで言えば、「愛」と呼ばれるものはその典型です。他者と一緒に共同体を作るとしたら、自分がそれまで積み重ねてきた枠組みを外すことは不可避です。他者との関係の中で新しく「自分」を見出すことこそが愛と呼ばれるものの機能であり、そこで「自分」は共同体の一員として他者のために存在するものになるわけです。幸福は、まさにそうした関係の中にあると言えるでしょう。ポスト資本主義社会において求められるのは、資本主義社会で抱いていた欲望を、こうした意味での幸福を得ることに対する欲望にコンバートすること。自分という枠組みを外すだけですから、何も元手がいりません。それによって幸福に辿り着けるとすれば、社会は変わるのではないかと思います。

斎藤　やはり人間には、今自分たちが生きている社会よりも新しいもの、違うものを作りたいという欲求があると思うんですね。例えば、リバタリアンが今の社会から抜け出し、自分たちのユートピアを作ろうと考えたりする。しかし、そこには全員分の場所はありません。彼らとしては、金を持っている人間だけが付いてくればよくて、それ以外の人たちがどうなろうと知ったこっちゃない。そういう世の中の1つの流れもあるわけです。でも、「それではだめなんだ」というのが荒谷さんの意見ですよね。僕は左翼を自称していますが、では、左翼としてどのようなビジョンを出していけるのか？　左翼が共産主義としてのソ連を失った今、人間の未来が懸かっている時代だからこそ、もう一度、左派と右派の対立軸をはっきりさせ、かといって排除するのではなく、包摂的なビジョンを出していくことが左派でありリベラルの復興につながっていくのではないかと。その中で、人権や人間らしさなどを擁護するような、そうした可能性を考える必要があると思っています。

安田　僕は左派でもリベラルでもないので

リベラルの復興にはあまり関心がないんですが、世界のトップランナーの人たちに資本主義に対するイメージや定義について聞くと、人によってかなり違うんですよね。共通する部分が少ない。ただ、個人的には、資本主義にとって次の3要素が大きいのではないかと分析しています。1つ目が私的所有、2つ目が利潤動機、3つ目が市場活用です。例えば、中国型の資本主義で言うと、中国の民間企業は、日本よりもはるかに利潤動機で動いていますし市場も活用しています。しかし、私的所有は国家が介入してくるため、かなりの制限がかかっています。それに対してアメリカ型の資本主義は3要素のすべてが自由であるように、資本主義の枠組みにおいても、純粋な資本主義に寄せるのか、社会主義に寄せるのかという、さまざまな選択肢があります。その国や地域に合った形に資本主義を変えていくこともできるかもしれません。そう考えると、資本主義が終わってしまうからオルタナティブを考えるというのは少し早い気がするんですね。何らかのゲームチェンジが必要なことは間違いないでしょうが、僕としては資本主義の可能性をまだ信じています。そのゲームチェンジを行ううえで求められるのが「問題の見える化＋共有」です。何が問題なのかを多くの人たちに理解してもらい、アクションを起こすことが重要なんです。それを資本主義の利潤動機や市場活用にうまく乗せることで解決できることもあれば、それを放棄しないと根本的な解決が難しいこともあるかもしれない。そういった整理をしたうえで、資本主義が持続可能かどうかということを考えるべきではないでしょうか。

富永　今の世の中はすごく個人化していますよね。同じ地域出身や同じ年齢、同じ学校など、たとえ同じ属性だったとしても、やはり人間はさまざまですので、お互いにわかりあえる部分が少なかったりします。そのため、わかりあえないことを前提とした社会の中で、これは社会学の概念で「再帰性」と呼ぶんですが、誰しも再帰的に「自分とは何か？」と問い続けるようになるものです。しかし、あまりにも問い続けていると自閉的になってしまう可能性もあります。そうした状況下でどうすればいいのか考えたとき、先ほど荒谷さんがおっしゃった「自分という枠組みを外す」という意識は、人によっては抽象的に聞こえるかもしれませんが、実は非常に重要なことだと感じました。

資本主義社会と「再魔術化」の潮流との関係は？

丸山　ここで、少し議論のフェーズを変えましょう。近年、「再魔術化」という言葉に光が当たっていますよね。中世の魔術の時代から抜け出す「脱魔術化」によって、合理化に重きを置く近代という時代を迎えてからすでに長い年月が経つわけですが、その近代化で力を得て高度化した資本主義は常に人々を成長への強迫観念へと駆り立てているのではないか？　さらに民主主義は分断を生み機能不全に陥っているのではないか？……というわけで、魔術の時代にもう一度戻った方がいいのではないかという言説が生まれています。そうした問題意識から生まれた概念であり、ポスト資本主義社会としての可能性が、そこにあるかどうかもまだわかりませんが、「再魔術化」をキーワードにセッションを進めるとしたら、そこから見えてくる可能性はありますか？

安田　経済学において、もしかしたらその再魔術化に当たるかもしれないのが、「幸福を測る」という考え方です。古くは功利主義という理論の中に、幸福度の数量的な評価につながる「効用」という概念があり、例えば効用10と20を比較すると20の方が10の2倍うれしいというように、幸福の絶対的な大きさを比べようとした時代がありました。しかしその後、見ることも測ることもできるわけがない、幸福度や効用などという概念を経済学の土台としていいのかというツッコミが入った結果、そもそも幸福は測らなくていいんだというスタイルに変わっていきました。現在、メインストリームの経済学で教えられている消費者の選択行動や企業の利潤最大化といった基礎的な理論は、目に見えるものをもとに組み立てられるようになったわけです。それがどう再魔術化のようになってきているかというと、近年、経済学と心理学の融合分野である行動経済学が台頭し、その中で、幸福やウェルビーイングが測れるのではないか、ある程度数値化できるのではないかというカウンターリアクションが起こり始めているんですよね。今後テクノロジーが進歩すると、幸福に関するパラメータを計測できるようになって「幸福の見える化」が実現し、我々自身の幸福が何かを見出せるようになる。それに伴って、主体的な人間を取り戻すことになるのか、あるいは、数値の奴隷になってしまうのか。どちらになるのか判断がつきませんが、そうした将来が来るかもしれません。

石井　再魔術化について言えば、「前近代は魔術的な世界だったけれど、近代化によって脱魔術化がなされ、それが再び魔術化される」という見方について、私は必ずしもそうではないと思っています。それは、ある種の発展史観のようなものではないでしょうか。人類学でも再魔術化についてさまざまな議論がなされていますが、近代そのものがそもそも魔術と不可分であり、近代そのものが魔術性を持っているという指摘もなされています。

荒谷　資本主義は社会に対する1つの考え方で、おそらくそれは魔術化なんです。基本的に分業を採り入れているので、自分が社会全体にとってどのような価値を持っているのかを考えなくていい。それがそもそも魔術化と言いますか、全体のことを何も考えないが故に生産効率が上がるという仕組みこそが、資本主義の思想的な本質だと思っています。しかし、見えないようにされることは、資本主義社会において搾取や構造的な不安定さなどが生じる要因でもあります。だからこそ一つ一つ「見える化」していくことが求められ、そうすれば社会も変わっていくというイメージが再魔術化の概念につながっているのではないでしょうか。

サイモン　魔術化に関連して話しますと、脱魔術化、つまり資本主義社会では、すべてのことを測定して数値化できるという考え方が重視されていますが、私は極めて危険だと思っています。例えば、気候変動による危機に直面していることを我々が理解しているのは、我々が理解できるデータをもとにシステムが構築されているからでしょう。しかし、世の中には理解できないものが必ずあります。だからこそ、理解できなくてもしっかり対処できるような姿勢を作っていくことが大切なんです。

犠牲にしてきた幸福の可能性

丸山　今回のテーマは「資本主義と幸福の変容」ですが、文化人類学的な視点から、「幸福」については、石井さん、いかがですか？

石井　文化人類学者としてインドやアフリカの村に住んで調査してきましたが、それらの社会には前近代的な要素と、極めて近代的な要素の両方が入り混じっています。ただ、ミニマムで個人的な幸福感という点で言えば、どの地域もそれほど違いはないのではと感じます。先ほど荒谷さんがおっしゃった、「愛」というものもそうでしょう。そうしたものは計量化できませんし、社会のあり方という点から説明づけることも難しい。アフリカやインドの村を見れば、オルタナティブが見出せるというものでもない。それはまさに哲学的・倫理的な問題であり、「人間性とは何か？」という問題でもあると思います。

斎藤　日本はこれだけ生産力が上がって豊かになっているのに、どうして週に40時間も働いているのか？　資本主義のもと、それだけ働き、いろいろなものを作り、いろいろなものを買い、その結果環境を壊すって、まったくもって愚かですよね。アメリカもGDPが高くて豊かですが、平均寿命は短いし、医療システムも教育もメチャクチャです。一方、ヨーロッパの国々はアメリカよりもGDPが低いものの、安定した生活ができています。僕はそっちの方が幸福だと思いますね。だから日本も、本来であれば週20時間くらいの労働時間にすることも可能なはずですし、その分、自分が好きなことをやって楽しめばいい。経済成長だけを見ることで犠牲にしてきたさまざまな幸福の可能性があるので、そうしたことについて、カール・マルクスや資本主義に批判的な思想家の著書や論文を読み、学ぶべきでしょうね。

丸山　僕自身は、日本がストレートに社会主義体制へと向かうことに賛成はできませんが、マルクスの哲学、思想、その論理をフラットに探究し続けることは重要だと考えています。その思考のエッセンスから学ぶことで、現代の資本主義の盲点、隘路が見えてくるからです。そう言えば、同じマルクスで思い出しましたが、ドイツの哲学者であるマルクス・ガブリエルが2018年に来日した際、滞在時の様子を追ったドキュメンタリー番組を制作したのですが、こんなワンシーンがありました。大阪の路上で、ガブリエルが街行く人々と交流する場面をカメラに収めていたときのことです。飲食店の営業をしていた人物と会話していた際に、突然、「Are you happy?」と質問したのです。啞然とする彼に、「10秒以内に答えられなければ、あなたは幸福ではない」とガブリエルは返したんですよね。そのときのことが、あっけにとられた彼の表情とともに今蘇りました。やはり幸福というものは個人の心の中にしかないものなのではないかと、改めて、ある種の感慨を抱いた瞬間でしたね。

長谷川　幸福って、皆さんが感じるしきい値が本当にバラバラなので、特にカウントしなくてもいいのではないでしょうか。私の場合、不幸でなければいいという考え方ですので、不幸、例えば苦痛に感じたことをカウントして、それをなくすようにした方が現実的かなと思っています。

丸山　ありがとうございます。今回のテーマについて、皆さんから本当にさまざまな言葉をいただき、対話する過程自体で、僕自身、豊かな時間を感じました。皆さんもご自身の心の中で少しでも何かを感じ、考える機会となってくれていれば、それこそが僕にとっての幸福です。

［2021年実施］

分科会B-3
観光の未来像
～体験価値と消費の新たな関係～

ファシリテーター

塚田有那（編集者／キュレーター）

スピーカー

大宮エリー（作家／画家）
久保隆行（立命館アジア太平洋大学（APU）教授／アジア太平洋学部副学部長）
藤井直敬（ハコスコ代表取締役社長／デジタルハリウッド大学大学院卓越教授）

コロナ禍を経て「観光」から「ツーリズム」へ

塚田　なぜ「観光の未来像」をテーマにするかと言いますと、今回のICFのテーマはオルタナティブビジョンですが、観光もまた、新しいオルタナティブな視点が求められている事業だからです。これまでの観光、特にこの10年くらいは、オリンピックやパラリンピックをはじめとしたインバウンドを中心に、いかに観光客を呼び込めるか、いかにその数字を右肩上がりにしていくかということを目指してきたと思います。しかし、2020年からコロナ禍に入ったことにより、インバウンドが期待できなくなり、右肩上がりにならない状況であることは明らかでしょう。そこで、コロナ禍だから仕方ないということではなく、デジタルの世界もいろいろと絡み合っていく中で、これからの新たな観光について、皆さんとセッションを進めていきたいと考えております。

藤井　僕はここ6〜7年ずっとバーチャルの世界を仕事にしていて、観光もバーチャルでできるということで、高精細なモデルを作るなど、いろいろと手掛けています。ただ、どこにでも行けて、何でもできてしまうので、正直、今ひとつ面白くないんですよね。そこで逆に、その場所に行かないと観光として成立しないことは何かと考えたとき、僕が行き着いたのが「医食住」でした。一般的な「衣食住」ではなく「医食住」にしたのは、「衣」の場合、アバターのファッションに置き換えることが可能なので、必ずしもその人が身につけなくてもいい。それに対して、医療は、実際に行って、自分の身体について直接聞かないといけませんからね。「医食住」の中でも、僕は3年くらい前から食のツーリズム的なことに関わっていて、肉を通じた社会問題を議題にし、食のリテラシー向上の場を目的とした「肉肉学会」という学会に理事として参加しています。日本国内の牛の生産農家を巡り、牛肉を食べる旅を実践したりもしているんですが、いろいろな工夫をして、新しい価値を生み出そうとしている生産者の人たちが世の中にはたくさんいる。それがすごく面白いんです。こんなふうに、実際に行かなければわからないことは確実にあるわけですから、この「医食住」をテーマにした観光は、今後の展開として十分あり得ると思っています。

塚田　「医食住」の「医」で言えば、古くから日本には温泉療法という湯治がありますからね。たしかに医療と観光もすごくつながっているかもしれません。

久保　私のキーワードは「観光は衰退、ツーリズムは発展」です。現在、大学で観光学を教えていますが、実は観光という言葉にあまり良いイメージを持っていません。この言葉をどうも誤解している人が多いようで、遊んでいるように思われてしまうんですよね。だから、私としては、観光の教員とは名乗りたくなくて、なるべく「ツーリズムの教員です」と言うようにしています。では、観光とツーリズムの違いは何か？　学生たちにそんな質問をしても、なかなか答えられないんですね。まず、観光という言葉の語源は、国の光を観ること。そこから転じて、主に、他の地域や国のキラキラ光るもの、すなわち、素晴らしいものや面白そうなものなどを観に行き、楽しむことと捉えられています。同じ意味の英語としては、ツーリズムというより、やはりサイトシーイングでしょうね。一方、ツーリズムの定義は、UNWTO（国連世界観光機関）によると「継続して1年を超えない期間で、レジャー、ビジネス、その他の目的で日常生活圏外の場所を訪れ、そこで滞在する人々の諸活動であり、旅行先や滞在先で報酬を得ることを目的とする活動を除くものからなる」とのこと。定義がすごく広いんですが、人が地域を巡り、何かを得て、あるいは何か影響を与えて帰ってくるということがツーリズムの重要なポイントなんです。藤井さんがおっしゃったように、観光がバーチャルでも対応できるようになったのに対して、リアルな移動が伴わないと実現しないのがツーリズム。さまざまな形態がありますが、観光と比べて、ますます発展するだろうというのが私の考え方です。

自分に合った価値観やストーリー

大宮　私なりのこれからの観光について、考えてきました。「New Me」です。どういう意味かというと、今はコロナ禍ですけど、アフターコロナを迎えたとき、世の中はもうコロナ禍前のようには戻らないと思うんですよ。だから、観光も今までとは違い、私たちが旅をして楽しむものや求めるものは「新しい自分になれるかどうか」に変わっていくんじゃないかと。というのも、みんな、コロナ禍で自分自身のことを振り返る時間が増えて、「本当はどう生きたかったのか？」とか「この生活で良かったのか？」とか、いろいろと考えたはずなんです。漠然とかもしれないですけど、「新しい自分になりたい。それって何だろう？」という意識が生まれているでしょうから、これまでの観光と同じようになるわけがない。だから、観光という言葉もなんかダサく感じられるんです。国が提唱した「Go To」という言葉もそうですよね。まあ、こんなことを言っていいのかわかりませんが……。ただ、その場所に自分に合った価値観やストーリーがないと、人は動かなくなるような気がします。逆に言えば、誰かの「New Me」と合致する場所になれば人は来ますし、自然と観光にもつながっていくので、すべての地域にチャンスがあると思うんですよね。

塚田　「New Me」という、目に見えない価値を体験しに行くことは、まさに久保さんがおっしゃったように、観光ではなくツーリズムに通じる部分があると思いますが、ツーリズムを活性化させるための具体的なアイデアはありますでしょうか？

久保　それはもう、それぞれの地域が個別に考えていくしかないですね。この場合の考え方としては、発地型観光ではなく着地型観光。前者が、従来の観光ツアーや団体旅行のように、旅行者の出発地（発地側）にある旅行会社などが旅行プランを企画するのに対して、後者は、旅行者を受け入れる地域（着地側）が、地域独自の観光資源をもとに観光商品や体験プログラム等を企画・提供し、多様化する旅行者のニーズに応えるというものです。そのためには、まずは自分たちの観光資源をしっかりと洗い直し、それをどのように加工するのか。付加価値も必要ですから、それを何にするか。同時に、どういう旅行者をターゲットにするのか。実際に来てもらったとして、満足してもらい、リピートにつなげるにはどうしたらいいのか。ツーリズムを活性化させるうえで突き詰めなければいけないことがたくさんあるんですよね。

大宮　ツーリズムを考えるんだったら、ツーリズムじゃないことを考えていかなきゃいけないと思います。今はもう、みんなの欲求が多元化しているし、自己実現も画一化していない。ツーリズムのきっかけもさまざまなので、やはりツーリズムじゃないことを考える必要がありますよね。例えば、私はアートが好きなので、「アートが見たい。その場所でスタッフとして関われるのならぜひ行ってみたい」といったきっかけでそこへ行き、地域の人たちとの交流を通して、「ここって私の場所だ」と感じられるような。それは最近ムーブメントが大きくなってきている社会貢献でもよくて、自分がリスペクトしている場所があって、そこの一員として何かに貢献することによって、「貢献している自分」が「New Me」になったりするんじゃないでしょうか。そのとき、その場所に対してリスペクトの気持ちがあるかどうかも大事だと思いますね。とにかくその人とその場所をブリッジする1個のキーがあると、ツーリズムの種みたいなものがフワッと育っていくような気がします。

藤井　体験はいろんな形で作れると思うんですが、皆さんがおっしゃっているツーリズムというのは、普段とは違うユニークな体験を手に入れることに対する何らかの消費行動ですよね？　だから、今回のセッションのタイトルに「消費」という言葉が入っているのはすごく大事なことで、例えば、ビジネスとしてのツーリズムをテクノロジーとセットで考えたとき、「じゃあ、そこでどういうふうに回すと、みんなが食べていけるのか？」という視点も入れておいた方がいい。消費者側が楽しいとかだけではない、そこの仕組みをどうやって作っていくのかということも、僕は面白いと思うんですよね。

多様な体験が
ツーリズム産業として成立

大宮　私の知り合いのビジネスマンで、最近東京から福岡に移住した方がいるんですね。福岡にはたまに旅として行っていたんですけど、コロナ禍でオンラインでの仕事が当たり前になったので、「東京にいる意味がないから、住んじゃえ」と。そうすると福岡に旅しなくなるというか、でもそれも1つのツーリズムなのかなって思うんですよ。藤井さんがおっしゃっていた「医食住」の「住」って、そういうことになるんですかね？　周遊するんじゃなくて、何かきっかけがあって、そこに居着いちゃう。

久保　そうした面で言えば、いろいろな自治体が、移住希望者に空き家を無料で貸し出して、しばらくの間、移住体験をしてもらう施策を講じるようになってきましたね。

塚田　最近面白いなと思ったのは、三重県伊勢市に代表されるように、「クリエイターズ・ワーケーション」を実験的に始める自治体も出てきました。さまざまな分野のクリエイターたちに、現地で一定期間宿泊滞在してもらい、創作活動や人的交流などの支援を行うんですが、それこそツーリズムの発展の形として、こうしたレジデンス型の取り組みも増えていくかもしれないですね。その他、今回のテーマ「観光の未来像」について何か言い残したことがありましたら、お一人ずつお言葉をいただいてもよろしいでしょうか？

藤井　従来の観光ツアーや団体旅行などは今後もなくならないでしょうし、すでに仕組みができているので、そのまま続けていけばいい。だけど、それでは飽き足らない人たちがたくさんいて、そういう人たちをサポートする人たちも出てきて、そこで多様な体験ができるツーリズムが産業としてちゃんと回っていくというのが未来像だと思っています。それがわずかでも成功しているだけで奇跡なんですよね、今までできなかったんですから。例えば、どこかの地域で実際に行うローカルなツーリズムでもいいですし、メタバースの中のツーリズムでもいいんですが、従来の観光旅行一辺倒ではない世の中になってきたことは本当に素晴らしいですね。

大宮　コロナ禍に京都に行ったとき、旅館の女将さんやタクシーの運転手さんが「インバウンドに頼りすぎたから、こうなったんや!」って、おっしゃってたんですよ。それだけ観光地としてインバウンドに頼っていたわけですけど、今回のようなパンデミックが二度と起こらないという保証はないですから、それに備えなかったらもうだめだなと思ってて。この学びをどう活かすかですよね。実はこれって、取り組み方によっては、それまで観光にあまり力を入れていなかったり出遅れていたりした地域が、勝ち組だった地域を追い抜く可能性もある。そんな逆転現象が生じるかもしれないというのが、私の考える未来像ですね。

塚田　そうしたパラダイムシフトが起きるときって、ゲームチェンジが生じるときでもありますよね。

久保　ゲームチェンジといえば、コロナ禍では、3密を避けられるキャンプの人気が高まりましたが、私も何回も行くようになったんですよ。子どもを連れていくとすごく喜びますし。ただ、それまでは面倒くささを感じて、「キャンプに行きたい」なんて思ったこともなかった。だから、コロナ禍をポジティブに捉えるとすれば、ツーリズムにおける移住の話なども含め、これを機に、将来的にガラリと良い方向、多様性を受け入れる方向に進んでいくのではないかと考えています。

塚田　今回のセッションを通して、私が今改めて思うことは、大宮さんに最初にいただいたキーワードの「New Me」と旅はすごく近いなと。だって、旅をするかしないかは自分の選択でしかないじゃないですか。だから、それぞれの地域が、観光として個々人を呼びたいというときに、「ここに来れば、こういうふうに新しい自分になれます」ということを提案し、プロデュースしていく。そういったこともこれからの観光の未来の1つなのかなと思いました。皆さん、どうもありがとうございました。

［2022年実施］

プログラムコミッティセッション

竹中平蔵
（慶應義塾大学名誉教授／森記念財団都市戦略研究所所長／アカデミーヒルズ理事長／
元国務大臣／世界経済フォーラム（ダボス会議）理事）
市川宏雄（明治大学名誉教授／帝京大学特任教授／森記念財団理事）
南條史生（森美術館特別顧問）
伊藤穰一
（株式会社デジタルガレージ 取締役 共同創業者 チーフアーキテクト／千葉工業大学変革センター センター長）

強いアイデンティティを持つ「東京」へ

竹中　それではディスカッションを進行させていただきます。皆さんには思う存分いくつかの提言をしていただきたいと思います。

市川　東京に関して話しますと、私は東京で生まれ育ち、70年以上前からずっと見てきたわけですが、ここまで魅力的な都市になったことは正直すごいなと思います。なぜそうなったかというと、そこがややミステリーの部分で、誰かが「こうしよう」と言ったわけでもお互いに連携したわけでもなく、みんながんばって作っているうちに東京のパワーが生まれたんですよね。毎年発表される「世界の都市総合力ランキング」でも3位という評価を受けているように、東京には人々の集まる魅力があるということです。ただ、もっと魅力的になることを考えたとき、これまでの形を持続していくべきかどうか。場合によって、誰かがある局面で「こうしよう」と言わなければいけないかもしれないですし、そのとき誰が言うのか。提言というよりも懸念になってしまいますが、「東京はこのままで大丈夫なのか？」というのが今の私の気持ちです。

南條　東京を非常に強いアイデンティティを持つ都市にしていくとしたら、私は文化しかないと思っています。じゃあ、どうやって文化をより豊かにし、ある面では尖ったものにしていくのか。その活動がやりやすい環境を作るしかないんですが、例えば、もっと美術館があっていいんですよ。パリ、ロンドン、ニューヨークには作家ごとの美術館がありますし、テクノロジーの美術館もあれば、建築やファッションの美術館もある。全部ジャンルが違うんです。ただ、美術館だけを増やせばいいかというと、そうではない。日本の場合は行政が運営し、官僚的な管理をしているところが多いんですが、それをやめて、海外のように、自分たちでアートを集めたり、美術館を運営したりする人にとって、フレキシブルで使いやすいルールにしなければならない。同時に、行政だけではとても追いつかない話なので、民間にもどんどん運営を任せて、民間の美術館を増やしていけばいい。民間の方が経営的視点を持っていますから、ある程度リスクを冒しながらも面白いことができますし、面白ければ人も入ってきます。そうすれば、文化はもっと繁栄していくと思いますね。

竹中　文化庁の年間予算はだいたい1000億円。つまり、国民1人当たりで1000円くらいしか出していないんですね。そういう状況を考えると、文化をコアにして良い都市を作っていくとしても、やらなければいけないことがかなり多いという感じがします。ただし、何をやるにしても、クリエイティビティが重要であることは変わりません。皆さんは、クリエイティビティについてどのような見方をしていますでしょうか？

市川　日本人は比較的クリエイティビティがないなと思っていて、それはなぜかというと、やはり日本の社会構造の仕組みが、人と違うことをすると抑え込まれる、出る杭は打たれるようになっているからです。こういう社会は世界的に見ると珍しい。そういう意味では、出る杭をどんどん伸ばすような仕組みにしていかないと、おそらくクリエイティビティがないままではないでしょうか。そのためにも教育が関係してくるんですが、ただ教えるのではなく、異文化に触れさせるしかない。みんなして海外のあちこちに行き、できれば住んでみて、成功も失敗も含めて、経験を積むことによって、己を知り、世の中にはさまざまな考え方があると理解することが大事なんですよ。これは教える側の先生にも言えることで、異文化を学ぶ機会を与え、そのうえで生徒に教えるようにする。そうした教育の仕組みを作り、徹底的に実践するようにすれば、日本人のクリエイティビティもだいぶ変わってくると思います。

違いや偏りを否定しない多様な教育を

南條　アート教育もちゃんとやるべきでしょうね。なぜなら、学科の中でアートだけは意見が人と違っていいからです。しかし、数学とか物理とか、他の学科にほとんど正解があることに慣れてしまっているのか、私が大学でアートの話をしていると、生徒たちはすぐに正解を聞いてくるわけです。1つの作品を紹介するとき、いろいろな見方や考え方を伝えても、その中に正しいものがあるはずだと思っている。でも、アートは人と同じだったらだめなんですよ。一人一人が違うとき初めて価値が生まれるんです。だから彼らには、違うことが称賛されるようなプロセスを感じさせなければいけない。今のアートの授業はただお絵描きを教えているだけなので、アートの鑑賞教育をやらなければ意味がないんです。

竹中　クリエイティビティということでは、テクノロジーにおけるクリエイティビティも重要だと思いますが、伊藤さん、いかがですか?

伊藤　おそらく大量生産の時代って、日本だけではなく、同じことをする人がたくさんいたんですよね。戦争にも必要だし、工場にも必要だし、会計事務所にも必要なので、言われた通りにきっちりこなすことが求められていた。学校もそうした姿勢を教える組織だったと思うんです。しかし、南條さんがおっしゃった話にも通じますが、情報化時代になると、同じことをする人はたくさんいらない。誰もが違うことをする必要性が生じる中で、むしろ学校はその違いやクリエイティビティ、多様性などを教えることを優先するべきなんですよね。教科書に載っているようなことは、インターネットで調べることができますから。ただ、先日国連から「日本は他の国々と比べて、障害者を最も排除している」と指摘されたように、日本の学校に行くと、「世の中には普通の人しかいないのかもしれない」という錯覚が起きてしまうんですよ。変わった人も普通になっているし、普通になれない人たちは排除される。これは障害者もそうだし、自閉症の人もそうだと思います。実は、日本にはノーベル賞学者が29人しかいないんですが、アメリカのMIT出身者には98人もいる。先日、MITの先生と話したら、おそらくそのうちの6割か7割が自閉症だそうです。自閉症の人たちの特徴の1つとして、行動や興味に偏りがあり、物事に強いこだわりを持つとも言われていますが、彼らが何かに熱中したとき、それを否定せず、背中を押してあげることで能力が発揮される。それこそノーベル賞を手にすることにつながるんですよ。だから日本でも、自閉症に限らず、普通になれない人たちも入れるような枠組みやルールを作っていくことが必要なんです。その中で共に生活し、クリエイティビティや多様性を高め、文化を作っていかなければいけないと思いますね。

竹中　イノベーティブ・シティ・フォーラムなので、やはり都市や生活にも焦点を当てたいんですが、都市というのは集積の魅力があり、その集積において東京は大きな強みを持っていると思います。その一方で、インターネットが普及したとき、アメリカのジャーナリストのトーマス・フリードマンが『フラット化する世界』という著書を出し、今や地球上のどこにいても同じ情報が手に入るし、リモートワークが可能なので、世界はフラット化していくと。必ずしも集積は必要ないから、避暑地やリゾート地でも仕事ができるというようなことを書いています。しかし、結論として、リアルとバーチャルのハイブリッドで進めていかないといけないということは、我々も仕事を通して、すでに感じているわけです。そのためにどのようにハイブリッドにしていくのかということが大事だと思うのですが、いかがでしょう？

伊藤　web3の進展によって、特にアーティストはリモートワークをもっと有効に活用できるようになりましたし、仲介の人たちがあまり必要ではなくなりました。どこかでNFTを作って、世界中のオークションに出品して販売できるというのは重要なことで、その結果、海外から東京に人がどんどん集まってきています。文化が面白いとか、美味しい食べ物があるとか、さまざまな理由で東京に来たがる人たちが多く、例えば、本社を東京に置いたうえで、あちこちでリモートワークを行うという会社も増えています。こうしたハイブリッドによる東京のパワーアップはすごいですね。

「一緒に何かやろう」という共通の目的意識を

市川　先ほど「東京はこのままで大丈夫なのか？」という懸念を示した一方で、「そのためにはどうしたらいいのか？」ということは常に考えているわけですが、今の東京のパワーというのは、行政と民間の多様な組み合わせで動くことによって生み出されているんですよね。海外の投資家からの評価も高く、このコロナ禍でも、東京の不動産は世界トップ3に入っています。しかし、その内情はというと、行政はともかく、民間同士は競争相手なので絶対に協力しなかったんですよ。そこで昨年、行政と開発事業者やソフト事業者などの民間の人たちに集まってもらい、プラットフォームを作ることにしました。その際、東京が目指していく都市の形を「国際交流創造都市・東京」と名付けたんですが、みんながそれぞれ手掛けていることを連携していけば、東京のパワーはもっと上がるし、人気も高まると考えています。伊藤さんがおっしゃったように、東京には海外からたくさんの人たちが訪れていて、例えば、森ビルがお台場にデジタルミュージアムを作ったら、すごく人気を集めていました。こうしたバーチャルなこともそうですが、とにかく我々は東京に何を求められているのかを認識し、試行錯誤しながら進めていく。そうすることによって、いつか東京にしかない尖ったものが生まれることを、私は期待しています。

竹中　では最後に、今日ご参加いただいた皆さんから質問をいただきたいと思います。いかがでしょうか？

参加者　今日は大変貴重なお話をありがとうございました。アートに関連したことをうかがいたいんですが、アートのスペシャリストは技術のスペシャリストではないですし、技術のスペシャリストもアートのスペシャリストではない。都市や生活という観点から考えると、その断絶をいかに乗り越え、いかにつなぎ合わせるかということが大切ではないかと思います。その点についてお考えをお聞かせいただけませんでしょうか？

南條　1つの例ですけど、イギリスにある財団がありまして、ここが何をしているかというと、文化施設の運営者とデジタル技術の技術者を2週間ぐらい缶詰にしたりするんですね。それも、何もテーマを与えず、同じ部屋に入れておくだけ。そうすると、彼らも仕方ないから話し始めるわけです。最初のうちは、運営者はデジタルリテラシーがないから技術者の話に付いていけない。技術者もまた、アートや音楽など文化の話がほとんどできない。ところが、毎日繰り返しているうちに相手の求めていることが次第にわかってきて、いつしかデジタル技術をその文化施設の運営の中にどう取り込むかという議論が交わされるようになるんですよ。それを聞いてすごく感心したんですが、日本でもそうしたことを個別にやっていかないといけないという気がしますね。

伊藤　私が以前所長を務めていたＭＩＴメディアラボは、研究所が建築学部の中にありました。その建築学部は世界のトップクラスに入っているのですが、アート、サイエンス、デザイン、エンジニアリングのすべてを網羅しないと建築はできないという考え方でした。アートと技術の断絶がないということが重要で、国も学校も縦割りの意識が強い日本とは違うんですよね。あと、台湾のＩＴ担当大臣のオードリー・タンから「これからは『パーパス・ベース・ラーニング』に力を入れていく必要がある」と言われたことがあって、その意味は「目的から始まる学び」なんですが、共通の目的として掲げていたのが「社会貢献」でした。そのとき、国民の誰もが社会を良くするために一緒に行動し、学んでいくという姿勢になれば、アーティストと技術者に限らず、さまざまな断絶を乗り越えていけるんじゃないかと思ったんです。日本の場合、国民の間に「社会のために一緒に何かをやろう」という目的意識がまだそれほどないので、どうやって植え付けていくのか。これがオードリーの言葉を聞いて心に響いた今後の課題ですね。

※所属、肩書きなどは当時のものになります。

藤井直敬（ハコスコ代表取締役社長／デジタルハリウッド大学大学院卓越教授）

分科会クロージング　「未来像の更新 ～都市を愉しむ～」

科学技術振興機構 社会技術研究開発センター×ICF2021 特別セッション
「科学と社会の対話の未来－情動優位時代に『合意形成』は可能なのか」
國領二郎（慶應義塾大学総合政策学部 教授）
宇野重規（東京大学社会科学研究所 教授）
小林傳司（JST社会技術研究開発センター長）
東健二郎（一般社団法人コード・フォー・ジャパン Decidim担当）
田中みゆき（キュレーター／プロデューサー）

立命館アジア太平洋大学（APU）×ICF2021 特別セッション
「ダイバーシティ＆インクルージョンが切り拓く日本の未来」
ライラーニ・L・アルカンタラ（立命館アジア太平洋大学（APU）国際経営学部 学部長）
泉美帆（Global Partners Consulting Group チーフマネジャー）
ショハルフベック・イブラギモブ（ヤンマーエネルギーシステム株式会社）
シーラ・ダミア・プトリンダ（enpact プログラム・マネジャー）

タイムアウト東京×ICF2021 特別セッション
「観光新時代に必要なこと～ハピネス・民俗学・テックで編みなおす新たな物語とは～」
塚田有那（編集者／キュレーター）
國友尚（アソビジョン株式会社代表取締役／立命館大学客員教授）
富川岳（株式会社富川屋 代表／ローカルプロデューサー）
伏谷博之（ORIGINAL Inc. 代表取締役／タイムアウト東京代表）
稲増佑子（株式会社TOKI 代表取締役）

ICF2022 Beyond Transition －今、起こりつつある未来－

プレセッション　「我々はどこから来て、今どこにいるのか？」
エマニュエル・トッド（歴史人口学者）
南條史生（森美術館特別顧問）

プログラムコミッティセッション
竹中平蔵（慶應義塾大学名誉教授／森記念財団都市戦略研究所所長／アカデミーヒルズ理事長）
市川宏雄（明治大学名誉教授／帝京大学特任教授／森記念財団理事）
南條史生（森美術館特別顧問）
伊藤穰一（株式会社デジタルガレージ 取締役 共同創業者 チーフアーキテクト／千葉工業大学変革センター センター長）
「web3がもたらす社会変革」　伊藤穰一
「アートの知られざる役割」　南條史生
「東京都心の未来」　市川宏雄

クロージングセッション
「パンデミックとイノベーティブシティ」

特別ゲスト:マルクス・ガブリエル(ボン大学教授/哲学者)
南條史生(森美術館特別顧問)
竹中平蔵(東洋大学教授/森記念財団都市戦略研究所所長)
市川宏雄(明治大学名誉教授/帝京大学特任教授/森記念財団理事)
久保田晃弘(多摩美術大学 情報デザイン学科教授/アート・アーカイヴセンター所長)
伊藤亜紗(東京工業大学科学技術創成研究院 未来の人類研究センター長)
国広ジョージ(建築家/国士舘大学教授)
藤沢久美(シンクタンク・ソフィアバンク 代表)
浜田敬子(BUSINESS INSIDER JAPAN 統括編集長)
宮田裕章(慶應義塾大学教授)

ICF2021 Alternative Visions
～今、考える新しい未来～

キーノート講演

エマニュエル・トッド(歴史人口学者)

分科会キックオフ 「原点からの問題提起」

分科会ディレクター:藤沢久美(シンクタンク・ソフィアバンク 代表)

・分科会1:働くの未来像 ～「働く」とは何か?リモートワークがもたらす社会の変容～
川口大司(東京大学 公共政策大学院/大学院経済学研究科 教授)
浅見彰子(タイガー魔法瓶株式会社 取締役)
中村天江(公益財団法人連合総合生活開発研究所 主幹研究員)
濱瀬牧子(豊田通商株式会社 CHRO(最高人事責任者))

・分科会2:学びの未来像 ～これからの社会に求められるクリエイティビティとは何か?～
太刀川英輔(NOSIGNER代表)
関美和(MPower Partners Fund ゼネラル・パートナー/翻訳家)
ニールセン北村朋子(Cultural Translator)
塩瀬隆之(京都大学総合博物館 准教授)

・分科会3:信用の未来像 ～アートと市場と共感の新たな関係～
小池藍(GO FUND, LLP 代表パートナー/京都芸術大学 専任講師)
國光宏尚(gumi ファウンダー/Thirdverse 代表取締役CEO、ファウンダー)
坂井豊貴(慶應義塾大学教授/Economics Design Inc.共同創業者・取締役)
真鍋大度(アーティスト/プログラマ/DJ)

・分科会4:都市の未来像 ～距離と密度の価値の再定義～
葉村真樹(ボストン コンサルティング グループ(BCG) パートナー&アソシエイト・ディレクター)
石山アンジュ(社会活動家)
豊田啓介(東京大学生産技術研究所特任教授/noiz/gluon)
アンドレス・ロドリゲス=ポセ(ロンドン・スクール・オブ・エコノミクス教授)

・分科会5:経済の未来像 ～富かwell-beingか?開発・成長とサステナビリティ～
中室牧子(慶應義塾大学総合政策学部 教授)
安部敏樹(株式会社Ridilover 代表取締役/一般社団法人リディラバ 代表理事)
長坂真護(MAGO CREATION株式会社 代表取締役/美術家)
東郷賢(武蔵大学国際教養学部長)

・分科会6:観光の未来像 ～体験価値と消費の新たな関係～
塚田有那(編集者/キュレーター)
大宮エリー(作家/画家)
久保隆行(立命館アジア太平洋大学(APU)教授/アジア太平洋学部副学部長)

日比野愛子(弘前大学人文社会科学部 准教授)

・分科会3：人間と非人間の共生(Symbionts)〜わかりあう：共感〜
伊藤亜紗(東京工業大学科学技術創成研究院 未来の人類研究センター長)
中村桂子(JT生命誌研究館名誉館長)
キャロライン・A・ジョーンズ(マサチューセッツ工科大学建築・都市計画学部 教授)
渡邊淳司(日本電信電話株式会社 NTTコミュニケーション科学基礎研究所 上席特別研究員)

・分科会4：テクノロジーと人間の関係 〜わかりあう：共感〜
伊藤亜紗(東京工業大学科学技術創成研究院 未来の人類研究センター長)
マラ・ミルズ(ニューヨーク大学メディア・文化・コミュニケーション学 准教授)
稲谷龍彦(京都大学大学院法学研究科 准教授)
茂木健一郎(脳科学者/ソニーコンピュータサイエンス研究所 上級研究員)

・分科会5：都市と建築の未来 〜うみだす：協働〜
国広ジョージ(建築家/国士舘大学教授)
田根剛(建築家/Atelier Tsuyoshi Tane Architects代表)
ビジョイ・ジェイン(建築家/スタジオ・ムンバイ創設者)
徐甜甜(DnA_Design and Architecture 代表)

・分科会6：ライフスタイルの未来 〜うみだす：協働〜
国広ジョージ(建築家/国士舘大学教授)
ナダ・デブス(デザイナー)
中里唯馬(YUIMA NAKAZATO代表/ファッションデザイナー)
榊良祐(電通 アートディレクター/OPEN MEALS代表)

Brainstorming Session
「DXとニューノーマルがもたらす人間の行動変容 〜私たち人間はどう進化できるか〜」

・分科会1：対話の変容 〜リモートワークで信頼関係を構築するためのコミュニケーションを考える〜
浜田敬子(BUSINESS INSIDER JAPAN 統括編集長)
小御門優一郎(劇団ノーミーツ 主宰)
本郷峻(京都大学アフリカ地域研究資料センター特定研究員)
平松浩樹(富士通株式会社 執行役員常務 総務・人事本部長)

・分科会2：価値観の変容 〜GDPに代わる新たな豊かさのモノサシを考える〜
藤沢久美(シンクタンク・ソフィアバンク 代表)
安田洋祐(大阪大学大学院経済学部准教授)
村上由美子(OECD東京センター所長)
佐藤純一(株式会社カヤックグループ戦略担当執行役員)

・分科会3：データ活用の変容 〜個人データ活用の新しい基軸を考える〜
宮田裕章(慶應義塾大学教授)
山本龍彦(慶應義塾大学大学院法務研究科(法科大学院)教授)
長倉克枝(日経BP 日経クロステック記者)
五十嵐立青(つくば市長)

Urban Strategy Session 「世界都市の構造的変化：ポストコロナ時代における魅力的な都市の姿とは?」
市川宏雄(明治大学名誉教授/帝京大学特任教授/森記念財団理事)
ベン・ロジャーズ(センター・フォー・ロンドン 理事)
ジョナサン・ボウルズ(センター・フォー・アーバン・フューチャー 常任理事)
リーミン・ヒー(センター・フォー・リバブル・シティ 研究理事)
村木美貴(千葉大学大学院工学研究院 教授)

・トーク 「医術からの提案:アジアの哲学〜東洋的な全体性から心身を捉えなおす〜」
稲葉俊郎(医師/医学博士)
マンゲストゥティ・アギル(国立アイルランガ大学薬学部教授)
・ラップアップ
アンドレア・ポンピリオ(TV/ラジオ パーソナリティ)

Urban Strategy Session 「東京2035―輝く世界都市 〜人は未来の都市空間に何を望むのか?〜」
市川宏雄(明治大学名誉教授/帝京大学特任教授/森記念財団理事)
髙橋正巳(WeWork Japan 副社長)
尾原和啓(執筆・IT批評家)
葉村真樹(東京都市大学 総合研究所・大学院総合理工学研究科 教授)

ICF Hub Session Post Industrial Revolution 〜産業革命の次に来るものは何か?〜
もう一度見つめよう。地球を、都市を、人間を。 そして、議論しよう。サステナブルな社会のために。
・Hub A:グローバル市民からの提言:メディア・サスティナビリティ・教育・政治・ジェンダーの視点から考える、未来の日本へ。
・Hub B:ミレニアル世代の考えるコミュニティ3.0時代の生き方・働き方
・Hub C:イノベーターの「働き方改革」:理想の仕事を「自ら作る」若者の見据える未来
樋口亜希(株式会社Selan 代表取締役)
加藤翼(BUFFコミュニティマネージャーの学校 代表)
林志洋(ショクバイ株式会社 代表取締役)
クリスティン・ウィルソン(東京大学公共政策大学院修士課程)
若林理紗(キャスター)
野口晃菜(株式会社LITALICO執行役員/LITALICO研究所所長)
ロビン・ルイス(MyMizu共同創設者兼チーフ'Mizu'オフィサー)
菅原理之(SUNDAY FUNDAY代表/小杉湯チーフストリーテラー)
中澤理香(株式会社メルカリPRチーム コーポレート担当マネージャー)
和田早矢(株式会社ツクルバ co-ba jinnan コミュニティマネージャー)
古谷知華(サービスデザイナー/フードディレクター)
新井一平(Curry Producer)
岡田恭平(OHCHO™ 代表/株式会社リクルートライフスタイル)
田澤雄基(医師/研究者/起業家)
山中直子(株式会社CAMPFIRE事業推進室/コミュニティマネージャー)
高尾康太(自然電力株式会社 未来創造室/太陽光事業部マネージャー)

ICF2020
パンデミックとイノベーティブシティ

Art and Science Session 「Pandemicと感性の拡張:Real と Virtual の融合がもたらす世界」
・分科会1:「わかる」ことの新たな可能性 〜わかる:認識〜
久保田晃弘(多摩美術大学 情報デザイン学科教授/アート・アーカイヴセンター所長)
隠岐さや香(名古屋大学大学院経済学研究科教授)
星野太(早稲田大学社会科学総合学術院専任講師)
ジェームズ・ブライドル(ライター/アーティスト/ジャーナリスト/テクノロジスト)

・分科会2:多理解世界を生きる 〜わかる:認識〜
久保田晃弘(多摩美術大学 情報デザイン学科メディア芸術コース教授/アート・アーカイヴセンター所長)
三宅陽一郎(日本デジタルゲーム学会理事)
アウチ(フェルディ・アルジュ、エイリュル・アルジュ)(ディレクター & ニューメディア・アーティスト/クリエイティブ・ディレクター & ニューメディア・アーティスト)

饗庭伸(首都大学東京 教授)
舩橋真俊(ソニーコンピュータサイエンス研究所 リサーチャー)

・分科会2：ライフスタイルと身体の拡張
塚田有那(編集者／キュレーター)
栗山浩樹(日本電信電話株式会社 常務取締役)
マイク・タイカ(AIアーティスト／エンジニア)
ディムート・シュトレーベ(アーティスト)
藤島皓介(宇宙生物学者／合成生物学者)
粕谷昌宏(株式会社メルティンMMI 代表取締役)
菊地浩平(人形文化研究者／早稲田大学非常勤講師)
エイミー・カール(アーティスト／デザイナー／フューチャリスト)
三宅陽一郎(日本デジタルゲーム学会理事)

・分科会3：資本主義と幸福の変容
丸山俊一(NHKエンタープライズ番組開発エグゼクティブ・プロデューサー)
サイモン・デニー(アーティスト)
長谷川愛(アーティスト／デザイナー)
荒谷大輔(江戸川大学 基礎・教養教育センター教授、センター長)
富永京子(社会学者)
安田洋祐(大阪大学大学院経済学研究科准教授)
斎藤幸平(大阪市立大学経済学研究科准教授)
石井美保(京都大学人文科学研究所准教授)

Brainstorming for IR4 「ビッグデータが変える社会～ガバナンス、経済、ライフスタイルは？～」
竹中平蔵(東洋大学教授／森記念財団都市戦略研究所所長)
藤沢久美(シンクタンク・ソフィアバンク 代表)
福原正大(Institution for a Global Society CEO／慶應義塾大学経済学部特任教授)
山本龍彦(慶應義塾大学大学院法務研究科(法科大学院)教授)
津田大介(ジャーナリスト／メディア・アクティビスト)

・分科会1：ビッグデータは今後どこまで進むのか？
佐々木紀彦(株式会社ニューズピックス 取締役)
石角友愛(パロアルトインサイトCEO)
太田祐一(株式会社DataSign Founder 代表取締役社長)
髙橋祥子(株式会社ジーンクエスト 代表取締役)

・分科会2：ビッグデータは民主主義＆資本主義をどう変えるのか？
浜田敬子(BUSINESS INSIDER JAPAN 統括編集長)
尾原和啓(執筆・IT批評家)
宮田裕章(慶應義塾大学医学部 医療政策・管理学教室 教授)
山本龍彦(慶應義塾大学大学院法務研究科(法科大学院)教授)

・分科会3：ビッグデータの世界を、個人としてあなたはどう生きるのか？
竹下隆一郎(ハフポスト日本版編集長)
長倉克枝(科学ライター／編集者)
藤田直哉(批評家)
西田亮介(東京工業大学准教授)

World Economic Forum Session
ワークショップ：G20 Global Smart Cities Alliance on Technology Governance
出口敦(東京大学大学院新領域創成科学研究科副研究科長／社会文化環境学専攻教授)
アニル・メノン(世界経済フォーラムMember of the Managing Board)

The Japan Foundation Asia Center Session
「Reverse IDEA ～アジアのダイナミズムから『新たな座標軸』を探る～」
・キーノート 「現代イスラム・ファッションの革新」
アリア・カーン(イスラム・ファッションおよびデザイン評議会(IFDC)創設者兼会長)
・オープニング 「芸術からの提案：廃棄から復活へ～テクノロジーの供養と転生の祝祭～」
和田永(アーティスト／ミュージシャン)

部教授）

・分科会2：シェアリングエコノミー、Gig Economy、地域資本主義の台頭は新しい時代の経済をつくるのか？
浜田敬子（BUSINESS INSIDER JAPAN統括編集長）
柳川範之（東京大学大学院経済学研究科・経済学部 教授）
石山アンジュ（シェアリングエコノミー協会事務局渉外部長）
青柳直樹（株式会社メルペイ代表取締役）

・分科会3：変革期に求められるのは「弱い」リーダーか？
竹下隆一郎（ハフポスト日本版編集長）
米良はるか（READYFOR株式会社代表取締役CEO）
溝口勇児（株式会社FiNC Technologies 代表取締役CEO）
澤田智洋（世界ゆるスポーツ協会代表）

・分科会4：超格差社会の貧困はテクノロジーで緩和できるか？
津田大介（ジャーナリスト）
水野祐（弁護士／シティライツ法律事務所）
丸山俊一（NHKエンタープライズ番組開発エグゼクティブ・プロデューサー）
岸田崇志（株式会社LITALICO執行役員CTO）

The Japan Foundation Asia Center Session
「Innovation for Happiness from ASIA」
〜見えない価値のみつけかた〜
・キーノート：「映像表現におけるシネマ・ランゲージ」
トラン・アン・ユン（映画監督）
佐々木芽生（ドキュメンタリー映画監督）

・トークセッション1：「食べる」古来の食から最先端の味覚までを探検
ドゥアンチャイ・ロータナワニット（タマサート大学ビジネススクール副学部長）
小倉ヒラク（発酵デザイナー）

・トークセッション2：「眠る」古今東西、眠りの不思議を掘り起こす
ポポ・ダネス（建築家）
重田眞義（京都大学アフリカ地域研究資料センター長）

・トークセッション3：「住まう」人とのつながりを育む、居場所の未来
チャットポン・チューンルディモン（建築家）
土谷貞雄（暮らし研究家）

ICF2019

基調講演
1「2050年に向けて、限りある地球におけるグローバルな発展〜課題は何か？また、米国、中国、日本はどう役立つのか？〜」
ヨルゲン・ランダース（BIノルウェービジネススクール名誉教授）
2「都市のマルチバース化とコモングラウンドという新大陸」
豊田啓介（建築家／ノイズ パートナー／グルーオン パートナー）
3「アートに向かう未来」
南條史生（森美術館館長）

Future and the Arts Session
人は明日どう生きるのか［森美術館「未来と芸術展」関連プログラム］
・分科会1：都市と建築の新陳代謝
五十嵐太郎（建築史・建築批評家）
ミハエル・ハンスマイヤー（建築家）
会田誠（美術家）
ファビオ・グラマツィオ（建築家）
小渕祐介（東京大学建築学専攻 准教授）
豊田啓介（建築家／ノイズ パートナー／グルーオン パートナー）
篠原雅武（京都大学 特定准教授）

・テーマ5：愛の未来
「変化する愛の形と幸福の行方とは？」
岡本裕一朗（玉川大学文学部教授／玉川大学学術研究所研究員）
石黒浩（大阪大学基礎工学研究科教授／ATR石黒浩特別研究所客員所長）
長谷川愛（アーティスト／デザイナー）

・テーマ6：身体の未来
「拡張する身体がもたらす未来の人間像とは？」
栗栖良依（SLOW LABELディレクター）
為末大（Deportare Partners代表）
鶴丸礼子（服飾デザイナー／一般社団法人服は着る薬代表理事）

Urban Strategy Session　「東京のアイデンティティ：時間の連続性と想像力がもたらす未来の東京らしさ」
竹中平蔵（東洋大学教授／慶應義塾大学名誉教授／森記念財団都市戦略研究所所長／アカデミーヒルズ理事長）
市川宏雄（明治大学名誉教授／帝京大学特任教授／森記念財団理事）
デービッド・アトキンソン（株式会社小西美術工藝社代表取締役社長）
伊藤毅（青山学院大学総合文化政策学部教授）
黒田涼（作家・江戸歩き案内人）
東利恵（建築家／東 環境・建築研究所代表取締役）

Art & Science Special Session
「教育革命：エデュケーションからラーニングへの変革～新しいメディアが生み出す学びの世界とは？～」
伊藤穰一（MITメディアラボ所長）
南條史生（森美術館館長）
ミッチェル・レズニック（MITメディアラボラーニング・リサーチ教授）
伊藤瑞子（カリフォルニア大学アーバイン校コネクテッド・ラーニング・ラボ所長）
川島優志（Niantic, Inc.アジア統括本部長兼エグゼクティブ・プロデューサー）
アンドレ・ウール（MITメディアラボ研究員）

World Economic Forum Session
「都市と第4次産業革命」
森俊子（米ハーバード大学デザイン大学院Robert P. Hubbard記念実践建築学教授）
戸辺昭彦（日立製作所 社会イノベーション推進本部 アーバン＆ソサエティ本部 街づくりソリューション本部 本部主管）
中川雅人（デンソー エクゼクティブフェロー・グローバル技術渉外）
高島宗一郎（福岡市長）
アリス・チャールズ（世界経済フォーラム都市関係プロジェクトリード）
江田麻季子（世界経済フォーラム 日本代表）

Innovative Business Session
「クリエイターが起こす第4次産業革命」
～DevOpsで自らを変革する都市の未来～
中村翼（有志団体CARTIVATOR 共同代表）
深堀昂（ANAホールディングス デジタルデザインラボ AVATARプログラム・ディレクター）
中村理彩子（文化服装学院服装科II部／ファッションデザイナー／デジタルファブリケーター）
有坂庄一（テックショップジャパン代表取締役社長）
高重吉邦（富士通株式会社マーケティング戦略本部VP）

Brainstorming for IR4
「21世紀型テクノロジー社会とライフスタイル」
竹中平蔵（東洋大学教授／森記念財団都市戦略研究所所長）
藤沢久美（シンクタンク・ソフィアバンク 代表）

・分科会1：「仕事」を再定義する：知能を除いた人間性とは何か？
佐々木紀彦（株式会社ニューズピックス取締役CCO）
松尾豊（東京大学大学院工学系研究科 特任准教授）
正能茉優（株式会社ハピキラFACTORY代表取締役）
奥野克巳（立教大学異文化コミュニケーション学

トークセッション 「〜アジアをめぐる3つの対話〜」

- Theme 1:とき Time

  エイミー・ベサ(アン・サリリン・アティン料理文化研究所(ASA) 創設者)
  舘鼻則孝(アーティスト)
  林千晶(株式会社ロフトワーク 代表取締役)

- Theme 2:ところ Place

  ニラモン・クンスリソムバット(都市設計・開発センター(UddC)ディレクター/チュラーロンコーン大学都市・地域計画学科准教授)
  フランソワ・ロッシュ(建築家・s/he_New-Territories私設秘書)
  芦沢啓治(建築家)
  南條史生(森美術館館長)

- Theme 3:ひと Community

  ソムチャイ・ソンワタナー(FLYNOW CEO/アート・ディレクター/ChangChui 創設者)
  卯城竜太(Chim↑Pom アーティスト)
  エリイ(Chim↑Pom アーティスト)
  小川希(Art Center Ongoing 代表)

ICF2018

基調講演

1「ハイパーシティ」
  ティモシー・モートン(ライス大学英語学科「リタ・シーア・ガフェイ」名誉教授)

2「未来のランドスケープ」
  ダーン・ローズガールデ(アーティスト/イノヴェーター)

3「海面下の島嶼都市:マーシャル諸島からの報告」
  キャシー・ジェトニル=キジナー(詩人、ディレクター)

Art & Science Session「Innovation for Happiness:幸福の新たな価値観を求めて」
キックオフ ディスカッション 「科学技術の進展と価値観の変化、未来における『幸福』の意味とは何か」
南條史生(森美術館館長)
伊藤穰一(MITメディアラボ所長)
北野宏明(ソニーコンピュータサイエンス研究所代表取締役社長)
林千晶(株式会社ロフトワーク 代表取締役)

- テーマ1:環境の未来

  「人間と自然の対立の終着点に幸せは待っているのか?」
  小渕祐介(東京大学建築学専攻准教授)
  ハニフ・カラ(AKT II デザイン・ディレクター/ハーバード大学デザイン大学院実践建築技術学教授)
  ザビエル・デ・ケステリエ(ハッセルスタジオテクノロジー&イノベーションデザイン責任者)

- テーマ2:アートの未来

  「バイオアートが生み出す新たな美の標準とは?」
  福原志保(アーティスト/開発者/研究者)
  エイミー・カール(アーティスト/デザイナー/フューチャリスト)
  ガイ・ベン=アリ(アーティスト/研究者)

- テーマ3:信用の未来

  「テクノロジーが担保する信用の形とは?」
  若林恵(黒鳥社コンテンツ・ディレクター)
  武邑光裕(メディア美学者/クオン株式会社ベルリン支局長)
  山本龍彦(慶應義塾大学法科大学院教授)
  岩田太地(NEC FinTech事業開発室長/イントレプレナー)

- テーマ4:感動の未来

  「脳科学とAIが開示する情動の科学とは?」
  久保田晃弘(多摩美術大学情報デザイン学科メディア芸術コース教授/アート・アーカイヴセンター所長)
  池上高志(複雑系科学研究者/東京大学大学院総合文化研究科広域システム科学系教授)
  メモ・アクテン(アーティスト)

世界経済フォーラムセッション
Top 10 Urban Innovations:Cities as Systems
「第4次産業革命時代の未来都市とは」
～世界のベストプラクティスに学ぶ、グローバルシステムとしての都市～
森俊子（米ハーバード大学デザイン大学院、Robert P. Hubbard記念実践建築学教授）
ハリー・ヴァハール（フィリップス・ライティング グローバルプレジデント-公共・政府部門）
シェリル・マーティン（世界経済フォーラム マネジングボードメンバー）
森田隆之（日本電気株式会社 取締役 執行役員常務 兼 CGO）
蛭間芳樹（日本政策投資銀行 環境・CSR部BCM格付主幹）
国谷裕子（東京藝術大学理事）

イノベーティブ シティ ブレインストーミング
「第4次産業革命と新しいライフスタイル」
～経済、社会、都市、そして市民生活は？～
遠藤信博（日本電気株式会社 代表取締役 会長）
竹中平蔵（東洋大学教授／慶應義塾大学名誉教授／森記念財団都市戦略研究所所長）
藤沢久美（シンクタンク・ソフィアバンク 代表）

・分科会1：都市インフラ・社会インフラの再定義
神保謙（慶應義塾大学総合政策学部 准教授／キヤノングローバル戦略研究所 主任研究員）
間下直晃（株式会社ブイキューブ 代表取締役社長CEO）
高重吉邦（富士通株式会社マーケティング戦略本部VP）
北野宏明（ソニーコンピュータサイエンス研究所代表取締役社長）
工藤和美（シーラカンスK＆H株式会社 代表取締役／東洋大学理工学部建築学科教授）

・分科会2：企業、働き方、生活の大変革
柳川範之（東京大学大学院経済学研究科・経済学部 教授）
八代尚宏（昭和女子大学グローバルビジネス学部長）
平井嘉朗（株式会社イトーキ 代表取締役社長）
河野孝史（経済産業省 商務情報政策局 情報経済課 課長補佐）
中澤優子（株式会社UPQ CEO 代表取締役）

・分科会3：シェアリングエコノミーの未来と信用システムの再構築
佐藤輝英（ビーネクスト ファウンダー兼マネージングパートナー）
原英史（株式会社政策工房 代表取締役社長）
安渕聖司（ビザ・ワールドワイド・ジャパン株式会社代表取締役社長）
石黒不二代（ネットイヤーグループ株式会社 代表取締役社長 兼 CEO）
高橋正巳（Uber Japan株式会社 執行役員社長）

・分科会4：人工知能時代のアートの役割
齋藤精一（ライゾマティクス Creative & Technical Director）
松尾豊（東京大学大学院工学系研究科 技術経営戦略学専攻 特任准教授）
岡本裕一朗（玉川大学文学部教授／玉川大学学術研究所研究員）
スプツニ子！（東京大学生産技術研究所 RCA-IISデザインラボ 特任准教授）
佐藤航陽（株式会社メタップス代表取締役社長）

国際交流基金アジアセンターセッション
「Innovation for Happiness：幸福のためのイノベーション」
オープニングセッション
・スペシャルトーク1：
トリ・リスマハリニ（インドネシア スラバヤ市長）
・スペシャルトーク2：
蜷川実花（写真家／映画監督）
・スペシャルトーク3：
オナー・ハーガー（マリーナベイ・サンズ アートサイエンス ミュージアム エクゼクティブ・ディレクター）
南條史生（森美術館館長）

・テーマ1：拡張「Augmentation」ディスカッション後半「感性拡張」
アレクシー・アンドレ（ソニーコンピュータサイエンス研究所リサーチャー）
落合陽一（メディアアーティスト／筑波大学学長補佐・助教）
徳井直生（株式会社Qosmo 代表取締役／メディアアーティスト／DJ）
笠原俊一（ソニーコンピュータサイエンス研究所アソシエート・リサーチャー）
北野宏明（ソニーコンピュータサイエンス研究所代表取締役社長）
林千晶（株式会社ロフトワーク 代表取締役）

・テーマ2：共生「Symbiosis」ディスカッション前半「共生の世界：細胞から宇宙まで」
舩橋真俊（ソニーコンピュータサイエンス研究所リサーチャー）
オナー・ハーガー（マリーナベイ・サンズ アートサイエンス ミュージアム エクゼクティブ・ディレクター）
クリストファー・メイソン（ワイル・コーネル・メディスン大学 生理学・生物物理学 准教授）
岡島礼奈（株式会社ALE 代表取締役社長）
アリエル・エクブロー（MITメディアラボ スペース・エクスプロレーション・イニシアティブ創設者／主席、グラデュエイト・リサーチャー）
南條史生（森美術館館長）
北野宏明（ソニーコンピュータサイエンス研究所代表取締役社長）

・テーマ2：共生「Symbiosis」ディスカッション後半「共生する都市」
ネリ・オックスマン（建築家／デザイナー／インベンター／MITメディアラボ准教授）
フランソワ・ロッシュ（建築家・s/he_New-Territories私設秘書）
ロブ・ヴァン・クラネンバーグ（IoT Council創立者、theinternetofthings.eu）
南條史生（森美術館館長）
伊藤穰一（MITメディアラボ所長）

GPCI10周年記念：TOKYO 2035
都市戦略シンポジウム 「東京2035：輝く世界都市」
サスキア・サッセン（コロンビア大学 社会学部教授／グローバル思想委員会 メンバー）
リチャード・ベンダー（カリフォルニア大学 バークレー校 環境デザイン学部 名誉教授）
アレン・J・スコット（カリフォルニア大学 ロサンゼルス校 公共政策学部・地理学部 特別研究教授）
ピーター・ネイカンプ（ティンベルゲン研究所 フェロー／アダム・ミツキェヴィチ大学 教授）
市川宏雄（明治大学公共政策大学院ガバナンス研究科長・教授／森記念財団理事）
竹中平蔵（東洋大学教授／慶應義塾大学名誉教授／森記念財団都市戦略研究所所長）

バイオテクノロジーセッション
「バイオテクノロジーと未来の都市／遺伝子デザイン」
〜微生物の可視化と生命のデザイン、都市の目には見えない生命体〜
クリストファー・メイソン（ワイル・コーネル・メディスン大学 生理学・生物物理学 准教授）
宮本真理（株式会社オックスフォード・ナノポアテクノロジーズ ビジネス＆テクニカルアプリケーションマネージャー）
荒川和晴（慶應義塾大学環境情報学部 先端生命科学研究所 准教授）
セバスチャン・コシオバ（モレキュラー・フローリスト）

メディアアートセッション
「都市とメディアアートの可能性」
〜Media Ambition Tokyoの取組みと、メディア化する都市の未来〜
谷川じゅんじ（JTQ代表／スペースコンポーザー）
水口哲也（Enhance 代表／慶應義塾大学大学院メディアデザイン研究科 特任教授）
AKI INOMATA（アーティスト／多摩美術大学 非常勤講師／早稲田大学嘱託研究員）
田川欣哉（Takram 代表取締役／英国ロイヤル・カレッジ・オブ・アート客員教授）

片山浩晶（株式会社ストラタシス・ジャパン 代表取締役社長）
市原敬介（楽天株式会社 執行役員）
丸幸弘（株式会社リバネス 代表取締役CEO）

・テーマ2：Future Work
「人はなぜ、どこで、どのように働くのか？」
～テクノロジーと共生する働き方をデザインする～
大越いづみ（電通総研所長）
吉田浩一郎（株式会社クラウドワークス 代表取締役社長 兼 CEO）
南章行（株式会社ココナラ 代表取締役社長）
根来龍之（早稲田大学ビジネススクール教授／早稲田大学IT戦略研究所所長）

・テーマ3：Future Mobility
「人はなぜ、どのように移動するのか？」
～テクノロジーが変革する移動の意味をデザインする～
小泉耕二（株式会社アールジーン 代表取締役／IoT News代表）
野辺継雄（インテル 事業開発・政策推進ダイレクター、チーフ・アドバンストサービス・アーキテクト 兼 名古屋大学 客員准教授）
金谷元気（akippa 株式会社 代表取締役社長）
谷口恒（株式会社ZMP 代表取締役社長）

・テーマ4：Future Entertainment
「人はなぜ、どこで、どのように遊ぶのか？」
～バイオダイバーシティとテクノロジーが変革する屋外空間をデザインする～
市川宏雄（明治大学公共政策大学院ガバナンス研究科長・教授／森記念財団理事）
北野宏明（ソニーコンピュータサイエンス研究所 代表取締役社長）
廣瀬通孝（東京大学大学院情報理工学系研究科教授）
佐々木龍郎（株式会社佐々木設計事務所 代表取締役）
葛西秀樹（株式会社大林組 テクノ事業創成本部PPP事業部 担当部長）

スペシャルセッション　「スマートシティを司る“2番目の脳” 都市のホロバイオント」
ケヴィン・スラヴィン（MITメディアラボ メディアアート&サイエンス助教）
石川雅之（漫画家）
ラリー・ワイス（AOBiome チーフメディカルオフィサー）

ICF2017

基調講演
1「遊動の時代／伝統の未来」
原研哉（日本デザインセンター代表取締役社長／武蔵野美術大学教授）
2「社会課題を解決する新たなデザインを求めて」
～超小型衛星がもたらす宇宙からの視点～
ダニエル・ウッド（社会発展研究者）
3「デジタル時代後の人間工学についての考察」
フランソワ・ロッシュ（建築家・s/he_New-Territories私設秘書）

アート&サイエンスセッション
「人間の機能拡張、そしてデザインされた共生の世界」
・テーマ1：拡張「Augmentation」ディスカッション
前半「身体拡張」
ヴィクトリア・モデスタ（バイオニック・ポップアーティスト／クリエイティブ・ディレクター／MITディレクターズ・フェロー／フューチャリスト）
暦本純一（東京大学大学院情報学環 教授／ソニーコンピュータサイエンス研究所 副所長）
遠藤謙（ソニーコンピュータサイエンス研究所リサーチャー／株式会社Xiborg代表取締役）
水口哲也（Enhance 代表／慶應義塾大学大学院メディアデザイン研究科 特任教授）
杉本真樹（国際医療福祉大学大学院 准教授／株式会社Mediaccel代表取締役CEO／HoloEyes株式会社取締役COO）
伊藤穰一（MITメディアラボ所長）
林千晶（株式会社ロフトワーク 代表取締役）

キャサリン・ヒギンズ(MIT アート、サイエンス&テクノロジー・センター プロデューサー)
南條史生(森美術館館長)

アート&クリエイティブセッション2
デザインの再定義「何をデザインするのか?」
ヒョンミン・パイ(ソウル市立大学校教授)
バンジャマン・ロワイヨテ(キュレーター&デザイナー)
ウスマン・ハック(Umbrellium創設パートナー/Thingful.net創設者)
南條史生(森美術館館長)

アート&クリエイティブセッション3
デザインの再定義「デザインは自然に帰る」
伊藤穰一(MITメディアラボ所長)
オロン・カッツ(西オーストラリア大学 SymbioticAディレクター)
ジェシカ・グリーン(オレゴン大学生物学・建築環境センターディレクター/Phylagen Inc. 創設者&CTO)
南條史生(森美術館館長)

ICF2016

基調講演
1「未来創造の手法」
ヘザウィックスタジオの統合的デザインアプローチ
トーマス・ヘザウィック(ヘザウィックスタジオ創設者、デザイン・ディレクター)
2「POST CITY、その次に来るもの」
ゲルフリート・ストッカー(アルスエレクトロニカ総合芸術監督)
3「マシン・インテリジェンス、その可能性と未来」
ブレイス・アグエラ・ヤルカス(グーグル プリンシプル・サイエンティスト)

先端技術セッション1 「人工知能との共生」
北野宏明(ソニーコンピュータサイエンス研究所代表取締役社長)
ブレイス・アグエラ・ヤルカス(グーグル プリンシプル・サイエンティスト)
伊藤穰一(MITメディアラボ所長)

先端技術セッション2
「ニューメタボリズム 創造性のクレブス回路」
ネリ・オックスマン(MITメディアラボ メディアアート・サイエンス学部准教授)
伊藤穰一(MITメディアラボ所長)

アート&クリエイティブセッション1
「宇宙、その極限環境に生きる」
トム・サックス(アーティスト)
曽野正之(Clouds Architecture Office 共同設立パートナー)
メロディ・ヤーシャー(スペース・エクスプロレーション・アーキテクチャー建築家/プラット・インスティテュート助教)
ザック・デンフェルド(アーティスト/ゲノム料理センター共同創設者/ダブリンサイエンスギャラリーリサーチャー)
南條史生(森美術館館長)

アート&クリエイティブセッション2
〜国際交流基金アジアセンターセッション〜
「未来のアジアのライフスタイル 〜歴史、文化、環境からの発想〜」
アン・ミン・チー(ジョージタウン世界遺産公社ゼネラル・マネージャー)
ヴォ・チョン・ギア(建築家/ヴォ・チョン・ギア・アーキテクツ代表)
柳幸典(アーティスト)
南條史生(森美術館館長)

未来東京セッション 「TOKYO2035」
・テーマ1:Future Living
「人は誰と、どこで、どのように暮らすのか?」

〜価値観の多様化と、テクノロジーが浸透した居住像をデザインする〜

足立直樹(株式会社レスポンスアビリティ 代表取締役)

先端技術セッション2 「スマートシティを司る"2番目の脳"都市の中の微生物叢から学ぶこと」

ケヴィン・スラヴィン（MITメディアラボ メディアアート＆サイエンス助教）
クリストファー・メイソン（ワイル・コーネル・メディカル・カレッジ コンピューターゲノミクス・生理学・生物物理学准教授）
ジェシカ・グリーン（オレゴン大学生物学・建築環境センターディレクター／Phylagen Inc. 創設者＆CTO）
伊藤穰一（MITメディアラボ所長）

国際交流基金アジアセンターセッション
「進化するアジアの都市とプラットフォーム」
創造的なプラットフォームを持続的に発展させているイノベイターたち
個々の集合体が切りひらくアジアの未来とは

庄野裕晃（ACN共同設立者／ヴィジョントラック代表）
太刀川英輔（NOSIGNER代表）
ジャクソン・タン（PHUNKアーティスト、共同設立者／BLACKクリエイティブ・ディレクター、キュレーター）
ジラット・ポーンパニパン（BOOKMAKER CO., LTD.、Cheese Magazine編集長）
企画協力：塚田有那

スペシャルセッション
「アート・テクノロジー・都市 世界の取組み」
英国WATERSHEDが取り組んでいるPlayable City®の可能性と、東京での展開

クレア・レディントン（Watershed クリエイティブ・ディレクター）
アンナ・グライペル（Laboratory for Architectural・Experiments (LAX)建築家）
若林恵（『WIRED』日本版 編集長）
齋藤精一（ライゾマティクス Creative & Technical Director）

都市開発セッション1
「東京：グローバル化における都市のアイデンティティ」
グローバル化は都市の均質化をもたらすのか？東京がもつ独自の魅力とは？

シャロン・ズーキン（ニューヨーク市立大学ブルックリン校教授）
デビッド・マロー（コーン・ペダーセン・フォックス・アソシエイツ（KPF）プリンシパル／高層ビル・都市居住協議会 議長）
吉見俊哉（東京大学大学院情報学環教授）
市川宏雄（明治大学専門職大学院長／森記念財団理事）

都市開発セッション2
「都市開発×エリア・マネジメント」
ロンドンとニューヨークにおける街づくりの先進事例に学ぶ

リッキー・バーデット（ロンドン・スクール・オブ・エコノミクス教授）
ティム・トンプキンズ（タイムズ・スクエア・アライアンス代表）
マイケル・キンメルマン（ニューヨーク・タイムズ建築批評家）
市川宏雄（明治大学専門職大学院長／森記念財団理事）

国際交流基金アジアセンターセッション
「地域社会の再設計から考えるアジアの未来」
自然災害・経済格差などの社会課題に対するコミュニティデザインの可能性を探る

山崎亮（studio-L代表／東北芸術工科大学教授／慶應義塾大学特別招聘教授）
永田宏和（NPO法人プラス・アーツ理事長）
ラッティゴーン・ウティゴーン（クラブ・クリエイティブ社デザイン・ディレクター）

アート＆クリエイティブセッション1
デザインの再定義「これもデザインなのか？」

重松象平（OMA建築家、パートナー）
グスタフ・ハリマン・イスカンダル（コモンルーム・ネットワークス基金アーティスト／ディレクター）

Creative & Design Center)
ヴェンザ・クリスト(メディアアーティスト/HONF Foundation ディレクター)
リチャード・ストレイトマター・チャン(アーティスト/ホーチミン市Diaプロジェクト、ディレクター/ベトナムRMIT大学上級講師)
ジェイソン・スー(Shareable Cities & TEDxTaipei キュレーター/MakerBar 共同設立者)

基調講演
1「科学とデザインがもたらす複雑性への考察」
伊藤穰一(MITメディアラボ所長)
2「クリエイティブカオス:混沌とした未来のためのアートとデザイン」
アピナン・ポーサヤーナン(タイ王国文化省事務次官)

先端技術セッション
「物質、情報、生活の融合がもたらす未来」
ケヴィン・スラヴィン(MITメディアラボ メディアアート&サイエンス准教授)
アンドリュー・バニー・ファン(Open Hardware Designer)
コナー・ディッキー(Co-Founder & CEO, Synbiota Inc.)
伊藤穰一(MITメディアラボ所長)

都市開発セッション 「2025年グローバル都市のヴィジョンを描く:繁栄と住みやすさの新たな定義」
ピーター・ビショップ(ユニヴァーシティ・カレッジ・ロンドン教授)
ヴィシャーン・チャクラバーティー(コロンビア大学大学院准教授/Partner, SHoP Architects)
ドミニク・ペロー(建築家・都市計画家/ドミニク・ペロー建築事務所創立者/スイス連邦工科大学教授/グラン・パリ学術評議会委員)
市川宏雄(明治大学専門職大学院長/森記念財団理事)

アート&クリエイティブセッション 「創造都市の形成」
クリストフ・ジラール(パリ第4区区長/2001年-2012年パリ市長助役文化担当/Nuit Blanche創始者)
ガーンディー・レオパイロー(タマサート大学ビジネススクール准教授/タイ未来革新研究所エグゼクティブ・ディレクター)
ジャスティーン・サイモンズ(ロンドン市 文化部長/世界都市文化フォーラム議長)
南條史生(森美術館館長)

アート&クリエイティブセッション
「都市におけるアートの未来」
カールステン・ニコライ(アーティスト)
斎藤精一(ライゾマティクス/Creative Director & Technical Director)
グナラン・ナダラヤン(ミシガン大学ペニー・W・スタンプス アート&デザイン校学長)
マルコ・クスマウィジャヤ(都市研究ルジャックセンター所長)

ICF2015

基調講演
1「ディファレンシズ」
ニコラス・ネグロポンテ(MITメディアラボ教授&共同創設者)
2「ネクロポリスよりヒストポリスを:生命を宿す都市たち」
オロン・カッツ(西オーストラリア大学 SymbioticA ディレクター)

先端技術セッション1 「新メタボリズムの可能性」
都市、建築、プロダクツは自然を目指す
デビッド・ベンジャミン(The Livingプリンシパル/コロンビア大学大学院建築・計画・保存研究科助教)
藤村龍至(東洋大学建築学科専任講師/藤村龍至建築設計事務所代表)
スプツニ子!(MITメディアラボ助教 デザイン・フィクション・グループ研究室主宰)
伊藤穰一(MITメディアラボ所長)

クター）
サスキア・サッセン（コロンビア大学社会学部教授／ロンドン・スクールオブエコノミックス客員教授）
市川宏雄（明治大学専門職大学院長／森記念財団理事）

朝日新聞GLOBEセッション
「TOKYOから見える未来」
蜷川実花（写真家／映画監督）
マイク・モラスキー（早稲田大学国際学術院教授）
古賀義章（講談社 国際事業局 担当部長（インドプロジェクト・ディレクター）／元「クーリエ・ジャポン」編集長）
三浦俊章（朝日新聞GLOBE 編集長）

アーバンランド・インスティテュートセッション1
「オリンピック開催と都市開発」
ビル・キスラー（キスラー・アンド・カンパニー マネージング・パートナー）
アダム・G・ウィリアムズ（AECOM企画開発（場所／建物）担当プラクティス・リーダー）
青山佾（明治大学公共政策大学院教授／元東京都副知事）

アーバンランド・インスティテュートセッション2
「ワークスタイル変革と街作りへのICTインフラ活用」
鈴木和洋（シスコシステムズ合同会社 専務執行役員 エンタープライズ事業）
白川智之（シスコシステムズ合同会社 システムズエンジニアリング ビジネスイノベーション推進室 ディレクター）

森美術館セッション1　「アートの歴史は未来を語る」
デヴィッド・エリオット（初代森美術館館長）
マニュエル・ホセ・ボルハ＝ヴィレル（レイナ・ソフィア国立美術館館長）
高階秀爾（大原美術館館長）
片岡真実（森美術館チーフ・キュレーター）

森美術館セッション2　「今アジアで起こっていること」
ラース・ニッティヴェ（M+美術館エグゼクティブ・ディレクター）
ユージン・タン（シンガポール国立美術館館長／シンガポール経済開発庁プログラム・ディレクター）
ジョン・ヒョン・ミン（韓国国立現代美術館ディレクター）
南條史生（森美術館館長）

森美術館セッション3　「創造的都市と生活の未来」
グレン・ラウリィ（ニューヨーク近代美術館館長）
ニコラス・セロータ（テート館長）
黒川清（政策研究大学院大学アカデミックフェロー）
伊藤穰一（MITメディアラボ所長）
南條史生（森美術館館長）

ICF2014

国際交流基金アジアセンター×森美術館 共催スペシャルセッション
「いま、アジアに見るアートと都市との新たな関係」
・テーマ1：アートと都市の新たな関係
マルコ・クスマウィジャヤ（都市研究ルジャックセンター所長）
ガーンディー・レオパイロー（タマサート大学ビジネススクール准教授／タイ未来革新研究所エグゼクティブ・ディレクター）
ジェイソン・スー（Shareable Cities & TEDxTaipei キュレーター／MakerBar 共同設立者）
南條史生（森美術館館長）

・テーマ2：街に拡がるメディアアート
グナラン・ナダラヤン（ミシガン大学ペニー・W・スタンプス アート&デザイン校学長）
猪子寿之（チームラボ代表）
水口哲也（レゾネア 代表／慶應義塾大学大学院メディアデザイン研究科特任教授）
南條史生（森美術館館長）

・テーマ3：アートは社会と対話する
キティラッタナ・ピティパニット（Director, Design and Creative Business Development, Thailand

Innovative City Forum
10年の軌跡

※敬称略、所属・肩書きなどは当時のものになります。

ICF2013

基調講演
1「環境と建築と生活」
妹島和世（建築家）
2「Towards a Material Ecology」
ネリ・オックスマン（MITメディアラボ メディアアート・サイエンス学部准教授）

先端技術セッション 「先端技術と未来の社会」
・先端技術セッションワークショップA
「自然と出会うテクノロジー」
・先端技術セッションワークショップB
「脳科学とゲーミフィケーション」
伊藤穰一（MITメディアラボ所長）
フィオレンツォ・オメネット（タフツ大学 生物医用工学学部教授）
セバスチャン・スン（MIT脳認知科学学部教授／MITメディアラボ工学神経科学教授）
エリザベス・ディラー（ディラー・スコフィディオ＋レンフロ創設者）
ネリ・オックスマン（MITメディアラボ メディアアート・サイエンス学部准教授）

都市戦略セッション 「都心の創造戦略」〜都心を強くする・都市の活力の鍵を握る都心〜
市川宏雄（明治大学専門職大学院長／森記念財団理事）
辻慎吾（森ビル株式会社 代表取締役社長）
チェ・サンチョル（ソウル国立大学大学院環境研究科 名誉教授）
リュー・タイ・カー（RSP Architects Planners & Engineers（Pte）Ltd 取締役／都市センター諮問委員会委員長）

文化・クリエイティブセッション1
「美と生活をデザインする街」
南條史生（森美術館館長）
ハリー・ワリュオ（インドネシア共和国観光クリエイティブエコノミー省クリエイティブ総局メディア、デザイン、科学担当局長）
ビクター・ロー・チャン・ウィン（香港デザインセンター会長）
増田宗昭（カルチュア・コンビニエンス・クラブ株式会社 代表取締役社長 兼 CEO）
リー・イエン・リャン（忠泰建築文化芸術基金会 ディレクター、忠泰グループ ディレクター）

文化・クリエイティブセッション2
「革新が描く未来の美学」
ティム・ブラウン（IDEO 社長 兼 CEO）
原研哉（デザイナー）
名和晃平（彫刻家）
フランソワ・バンコン（日産自動車株式会社 商品企画本部 事業本部長）

文化・クリエイティブセッション3
「アートはどこにでもやってくる」
山出淳也（NPO法人 BEPPU PROJECT 代表理事／アーティスト）
ファン・シェン - ユエン（建築家／フィールドオフィス・アーキテクツ）
葛西秀樹（株式会社大林組 プロポーザル部）

都市ランキングセッション Global Power City Index 2013「新しい都市の価値を語る」
藤森義明（株式会社LIXIL 代表取締役社長 兼 CEO）
マーク・ノーボン（日本GE株式会社 代表取締役社長 兼 CEO／GE本社 バイス・プレジデント）
カレン・タン（ベター香港財団 エグゼクティブディレ

おわりに

「東京で都市版ダボス会議ができないだろうか」。

これが、ＩＣＦ（Innovative City Forum）の発想の原点でした。

２０１３年、六本木ヒルズが完成して10年目というエポックの時期。何か新しいことを始めようというときに浮かんだのが、５年前から私が理事を務めていた「ダボス会議」だったのです。

そのとき一番考えたのは、「都市とは何だろう」「都市がなぜ重要なんだろうか」ということです。もちろん、一方で地方創生の重要性はあるわけですが、実は世界を見ると圧倒的に都市が発展しています。

なぜ都市が発展しているか、ということには明確に理由があります。私たちが生活している現代の経済というのは、圧倒的に知識集約産業が多い。知識集約産業においては、当然ながら多様な知が集まっている都市が圧倒的に有利です。都市型産業と言ってもいいでしょう。

では、都市の魅力とは何でしょう。私は2つに集約されると考えています。

1つはまさに、イノベーション。テクノロジーの時代においてよく使われる言葉ですが、改めてシュンペーターの定義を記せば、それは「新しい結合、結びつき」です。例えばスマートフォンは、電話やカメラ、いろんな機能がデジタル技術で結びついているものであり、その「結びつき」こそがイノベーション。そうした「結びつき」を作るにはさまざまな知、多様なものが集積している都市という場が、圧倒的に有利なのです。

例として、コンサルティング会社について考えてみましょう。企業を再生するという発注が来たとします。その企業を再生するにはどうしたらいいかと考えるとき、どの金融機関、法律事務所、会計事務所を結びつけようか。あるいはデザイナーをつける方がいいか。組み合わせによって結果が違ってくるわけで、多様な組み合わせのできる都市にいることが圧倒的に有利なのです。

都市というのは、ある意味で経済の活力の源泉です。だからこそ地方創生と言われる今でも、東京は人口を増やしているわけです。日本全体で人口が年間約70万人減る中で、首都圏の人口は約10万人増えています。この人口データこそが、都市の力を表していると思います。

もう1つの魅力は、新しいライフスタイルの提唱の場ということでしょう。一番わかりやすいのはファッションですが、それだけではない、文化そのものです。そこで、南條史生さんが言う「アート」が重要になるわけです。

東京に来れば、いろんな意味で新しいものが提案されています。提案される中で、生き残るものも否定されるものも当然あるのですが、少なくともそこには新しい提案があります。人間の生きざまの提案が、東京にはあるのです。

これら2つが東京という都市の最大の魅力だと、改めて考えます。そして、こうした点にスポットライトを当てた「都市版ダボス会議」。これが、私たちがこの10年間続けてきたことなのです。

改めて考えると、ＩＣＦがスタートした２０１３年というのは絶妙な年だったと思います。

今私たちが生きている時代は、第4次産業革命の真っ最中です。ジェネレーティブＡＩが出現し、これからますます画期的に変わっていくでしょう。ＩＣＦでもご登壇いただいたソニーＣＳＬの北野宏明さんは、こう言いました。

「今、私たちはカンブリア爆発の初期にある」。

カンブリア紀には、今存在する生物の原型が全部出現し、生物の種類が飛躍的に増えたために、その現象は「カンブリア爆発」と言われます。

今私たちは、「新しいカンブリア爆発」の中にいるということなのです。10年後、20年後、30年後の私たちの仕事や生活のもととなる新しいものが爆発的に出現している。もちろん、その根底にはＡＩやビッグデータがあるわけです。しかも、まだ「初期」なのです。

では、「爆発」への動きがいつから出てきたか。

もちろんインターネットの登場は基本にあるわけですが、最も重要だったことの1つは、実は「ｉＰｈｏｎｅ」の出現なのです。ｉＰｈｏｎｅはアメリカでは２００７年、日本では２００８年に売り出されました。

皆さんは、これを電話だと思って買うと思いますが、実は電話ではありません。小型のパソコンなのです。別の言い方をすると、「デジタルなネットワークへの入口」。これを、多くの人たちが持ったわけです。この入口から、さまざまな情報を見る、予約をする、買い物をして、決済をするので、個人のデータが全部ここに集まる。デジタルなビッグデータが集まるのです。ビッグデータにＡＩを組み合わせることによって、まったく新しいものが出現するわけです。

実は、ビッグデータとＡＩの組み合わせが実用化されたのは、２０１２年頃です。ＩＣＦにもたびたびご登壇いただいた、ＡＩの第一人者松尾豊さんによれば、その頃カナダの技術者たちによってディープラーニングの技術が実用化されました。ディープラーニングというのは、ビッグデータをＡＩに与え続けることで、ＡＩがどんどんどんどん賢くなっていく手法です。

例えば、２０１５年、囲碁の世界ではＡＩが人間の名人に勝ちました。囲碁の名人というのは30手先、40手先まで読むわけですが、ＡＩに世界中の囲碁の対決のビッグデータを与えることによって、それを上回る読みができるようになった。これがディープラーニングです。

このような世界の状況を考えると、私たちがＩＣＦを２０１３年に始めたというのは、結果的に本当に新しい時代の入口に位置していたのです。ライフスタイルも変わる、イノベーションが変わるし、都市が変わる、私たちの生活が変わる。

そして、今はそのジェネレーティブＡＩを使った、人間のクリエイティビティに迫るアートまで出てきています。

アートとテクノロジーというのは、相反するもののように思われるかもしれませんが、まったく違います。

マサチューセッツ工科大学（ＭＩＴ）といえば、まさにエンジニアリングの世界の最先端です。私がボストンにいた頃、ＭＩＴというのはとても無機質なキャンパスだったのです。ところが、今はものすごくたくさんのアートに溢れている。

この事実には、おそらく2つの意味があります。１つは、新しいテクノロジーでアートが支えられているという側面。先ほど述べたように、ジェネレーティブＡＩが素晴らしいアートを生み出しています。２０２３年から、ダボス会議のメイン会場には、巨大なスクリーン上に、ＡＩで作られたアートが掲示されています。これがとても不思議なのです。タコの腕が動いているようで不気味なのですが、見ているとものすごく引き込まれていく。これは人間の美的な感覚を、ＡＩが学んでいるからなのです。

例えば私たちは、音楽を聞いてなぜ心地よいのか。それは、１つの音を聞くと次に予想される音がいくつかあり、それがその通りに出てくるからです。ですから、ＡＩも予想される音を学べば作曲ができるわけです。アートについても同じように、ＡＩにデータを与えれば、人間がどういうものに美的に反応するかを学習し、私たちが思わず見入ってしまう作品が生み出せるのです。この点は、アートとテクノロジーの直接的なつながりです。

２つ目は、テクノロジーの進化によって、私たちにとってアートがますます重要になってくる面があることだと思います。これはある意味、１つ目より大切です。どういうことか。

ジェネレーティブＡＩは、まさに日進月歩です。例えばこれまで、１つの論文を書こうと思うと、関連する論文を50本、あるいはそれ以上読まなければならなかった。かなり優秀な人が一生懸命読んでも、２、３週間はかかるわけです。ところが、ＡＩでは、その要約、重要なポイント、キーワードなどが、すぐ出てくるノートブックＬＭというプログラムがあるのです。

すると、何が起こるか。とてつもなく生産性が上がるわけです。学者だけではなく、弁護士であれば、過去の判例を一つ一つ調べる必要がなくなる。ということは、全般的に人間の自由時間が増えるはずです。

そのとき、人間がやるべきことというのは、やはり「サムシング・クリエイティブ」でしょう。中でも、わかりやすいのが「アート」なのです。

ダボス会議を含め、知的なグループが集まるところには必ずアートイベントがあります。六本木ヒルズの最上階に森稔さんが美術館を作ったのも、ここでクリエイティブな人たちに集まってほしいという思いからです。こうした意味で、アートとテクノロジーの関係は非常に密接です。そして、それを象徴的に表しているのが、ＭＩＴのキャンパスだと思うのです。

この10年間、ＩＣＦはこうした驚くべきものたちの出現を見つめてきました。さらに、その時々に合わせて素晴らしいゲストに来ていただきました。

ゲストの人選については、プログラムコミッティというものを作り、アートの分野は南條史生さん、テクノロジーでは伊藤穰一さん、都市問題については市川宏雄さん、私は経済・社会全体を主に担当し、意見を交わしました。結果、素晴らしい多様な方々にいらしていただけたと思います。

今は、新しいカンブリア爆発の初期です。今後、私は皆さんにおおいに「混乱」してほしいと思っています。世の中に、魔法の杖はありません。混乱する中で、さまざまな新しいものが生まれていく。カンブリア紀とは、そういう時期だと思うのです。若い世代には特に、混乱する中で、将来の方向を見据えていってほしい。だから、この本を、ぜひ手に取って読んで、混乱していただきたいと思います。

現代は、すぐに単純な答えを求める傾向があるように感じます。けれど、世の中のできごとはほとんど単純化できません。結論も出ません。ダボス会議では、世界の有力な人たちが集まるからこそ、絶対に結論は出しません。ただ問題を提起し、インフルエンスのある方に持ち帰ってもらい、「それぞれの国でがんばってください」ということなのです。

このＩＣＦも議論をすればするほど混とんとなり、いつも時間切れになっていました。でも、それでいい、「テイクアウェイ」が重要なんだといつも言ってきました。その10年間が詰まった1冊です。

ご登壇いただいたゲストの方々、またご来場いただいた皆さま、そしてご協賛いただいた企業――

森ビル株式会社
株式会社大林組
清水建設株式会社
三井住友建設株式会社
鹿島建設株式会社
株式会社クラウドワークス
JAPAN WAY株式会社
株式会社ジンズホールディングス

皆さま、本当にありがとうございました。

「新カンブリア爆発の初期」にさまざまな議論を重ねてきたＩＣＦの記録は、非常に貴重なものです。10年後に読んだら、「あの時代はこうだったんだな」と思い出せるという、記録性があるだろうと考えています。

ＩＣＦは一旦区切りをつけますが、この10年間の貴重なセッションが生み出したものは消えることはありません。そして、次へとつながっていくと思います。これからも、どうぞよろしくお願いいたします。

竹中平蔵

profile

竹中平蔵

慶應義塾大学名誉教授／森記念財団都市戦略研究所所長／元国務大臣／世界経済フォーラム（ダボス会議）理事

ハーバード大学客員准教授、慶應義塾大学総合政策学部教授などを経て、2001年小泉内閣で経済財政政策担当大臣を皮切りに、金融担当大臣、郵政民営化担当大臣兼務、総務大臣を歴任。2006年より慶應義塾大学教授、アカデミーヒルズ理事長など。現在、慶應義塾大学名誉教授、世界経済フォーラム（ダボス会議）理事。博士（経済学）。

著書は、『構造改革の真実 竹中平蔵大臣日誌』（日本経済新聞社）、『研究開発と設備投資の経済学』（サントリー学芸賞受賞、東洋経済新報社）など多数。

南條史生

キュレーター／美術評論家

1972年慶應義塾大学経済学部、1977年文学部哲学科美学美術史学専攻卒業。国際交流基金等を経て、2002年より森美術館立ち上げに参画、2006年11月から2019年まで館長、2020年より特別顧問。

同年より十和田市現代美術館総合アドバイザー、弘前れんが倉庫美術館特別館長補佐、2023年5月アーツ前橋特別館長。1997年ヴェニスビエンナーレ日本館、1998年台北ビエンナーレ、2001年横浜トリエンナーレ、2006年及び2008年シンガポールビエンナーレ、2016年茨城県北芸術祭、2017年ホノルルビエンナーレ、2021年北九州未来創造芸術祭 ART for SDGs、2021年～Fuji Textile Week等の国際展でディレクターを歴任。著書として『アートを生きる』（角川書店、2012年）等。

市川宏雄

明治大学名誉教授／帝京大学特任教授／森記念財団業務理事

森記念財団都市戦略研究所業務理事、大都市政策研究機構理事長、日本危機管理士機構理事長等の要職を務め、海外ではSteering Board Member of Future of Urban Development and Services Committee、World Economic Forum（ダボス会議）などで活躍。都市政策、都市の国際競争力、危機管理、テレワークなどを専門とし、東京や大都市圏に関してさまざまな著作を30冊以上発表してきた。これまで政府や東京都をはじめ、数多くの機関に会長や政策委員として携わり、現在、日本テレワーク学会、日本危機管理防災学会の会長。早稲田大学理工学部建築学科、同大学院博士課程を経て、ウォータールー大学大学院博士課程修了（都市地域計画、Ph.D.）。1947年、東京生まれ。一級建築士。

伊藤穰一

株式会社デジタルガレージ 共同創業者 取締役／学校法人千葉工業大学学長／Neurodiversity School in Tokyo 共同創立者

デジタルアーキテクト、ベンチャーキャピタリスト、起業家、作家、学者。教育、民主主義とガバナンス、学問と科学のシステムの再設計などさまざまな課題解決に向けて活動中。米マサチューセッツ工科大学（MIT）メディアラボ所長、ソニー、ニューヨークタイムズ取締役などを歴任。デジタル庁デジタル社会構想会議構成員。2023年7月より千葉工業大学学長。主な近著に、『AI DRIVEN AIで進化する人類の働き方』（SBクリエイティブ）、『〈増補版〉教養としてのテクノロジー AI、仮想通貨、ブロックチェーン』（講談社文庫）がある。

都市とアートとイノベーション
創造性とライフスタイルが描く都市未来

2024年9月20日　第1刷発行

著者
竹中平蔵、南條史生、市川宏雄、伊藤穰一

編者
南條史生

企画協力
森記念財団都市戦略研究所、森美術館、アカデミーヒルズ

発行人
見城 徹

編集人
福島広司

編集者
宮崎貴明

発行所
株式会社 幻冬舎
〒151-0051 東京都渋谷区千駄ヶ谷 4-9-7
電話：03(5411)6211(編集)
　　　03(5411)6222(営業)
公式HP:https://www.gentosha.co.jp/

印刷・製本所
中央精版印刷株式会社

Printed in Japan
ISBN978-4-344-04198-1 C0052

この本に関するご意見・ご感想は、下記アンケートフォームからお寄せください。
https://www.gentosha.co.jp/e/